普通高等教育应用技术型院校艺术设计类专业规划教材　总主编 / 许开强　胡雨霞　章　翔

包装容器设计

主　编　唐丽雅　王月然
副主编　陈媛媛　周　珏　孙　立

合肥工业大学出版社

普通高等教育应用技术型院校艺术设计类专业规划教材

教材编写委员会

刘　津　湖北大学知行学院艺术设计教研室　主任
祁焱华　武汉工程科技学院珠宝与设计学院　常务副院长
钱　宇　武汉科技大学城市学院艺术学部　副主任
石元伍　湖北工业大学工业设计学院　副院长
宋　华　武昌首义学院艺术与设计学院　副院长
唐　茜　华中师范大学武汉传媒学院艺术设计学院　院长助理
王海文　武汉工商学院艺术与设计学院　副院长
吴　聪　江汉大学文理学院体美学部与艺术设计系　副主任
阮正仪　文华学院艺术设计系　主任
张之明　武昌理工学院艺术设计学院　副院长
赵　文　湖北商贸学院艺术设计学院　院长
赵　侠　湖北工业大学工程技术学院艺术设计系　副主任
蔡宣传　汉口学院艺术设计学院　副院长

劳动创造是人类进化的最主要因素。从蒙昧的石器时期到营养的农耕社会，从延展机体的蒸汽革命到能源主导的电气时代，再扩展到今天智能驱动的互联网时代，人类靠不断地创造使自己成为世界的主人。吴冠中先生曾经说过：科学探索物质世界的奥秘，艺术探索精神情感世界的奥秘。艺术与设计恰恰是为人类更美好的物化与精神情感生活提供全方位服务的交叉应用学科。

当前，在产业结构深度调整，服务型经济迅速壮大的背景下，社会对设计人才素质和结构的需求发生了一系列的新变化……并对设计人才的培养模式提出了新的挑战。现在一方面是大量设计类毕业生缺乏实践经验和专业操作技能，其就业形势严峻；另一方面是大量企业难以找到高素质的设计人才，供求矛盾突出。随着高校连续十多年扩招，一直被设计人才供不应求所掩盖的教学与实践脱节的问题更加凸显出来，并促使我们对设计教学与实践进行反思。目前主要问题不在于设计人才的培养数量，而是设计人才供给、就业与企业需求在人才培养方式、规格上产生了错位。要解决这一问题，设计教育的转型发展是必然趋势，也是一项重要任务。向应用型、职业型教育转型，是顺应经济发展方式转变的趋势之一。李克强总理明确提出要加快构建以就业为导向的现代职业教育体系，推动一批普通本科高校向应用技术型高校转型，并把转型作为即将印发的《现代职业教育体系建设规划》和《国务院关于加快发展现代职业教育的决定》中强调的优先任务。

教材是课堂教学之本，是展开教学活动的基础，也是保障和提高教学质量的必要条件。不少高校囿于种种原因，形成了一个较陈旧的、轻视应用的课程机制及由此产生的脱离社会生活和企业实践的教材体系，或以老化、程式化的教材结构维护以课堂为中心的教学方法。为此，组建各类院校设计专业骨干构成的作者团队，打造具有实践特色的教材，将促进师生的交流互动和社会实践，解决设计教学与实践脱节等问题，这也是设计教育改革的一次有益尝试。

该系列教材基于名师定制知识重点、剖析项目实例、企业引导技能应用的方式，实现教材“用心、动手、造物”的实战改革思路，充分实现“学用结合”的应用人才培养模块。坚持实效性、实用性、实时性和实情性特点，有意简化烦琐的理论知识，采用实践课题的形式将专业知识融入一个个实践课题中。该系列教材课题安排由浅入深，从简单到综合；训练内容尽力契合我国设计类学生的实际情况，注重实际运用，避免空洞的理论介绍；书中安排了大量的案例分析，利于学生吸收并转化成设计能力；从课题设置、案例分析、参考案例到知识链接，做到分类整合、交互相促；既注重原创性，也注重系统性；整套教材强调学生在实践中学，教师在实践中教，师生在实践与交互中教学相长，高校与企业在市场中协同发展。该系列教材更强调教师的责任感，使学生增强学习的兴趣与就业、创业的能动性，激发学生不断进取的欲望，为设计教学提供了一个开放与发展的教学载体。笔者仅以上述文字与本系列教材的作者、读者商榷与共勉。

原湖北工业大学艺术设计学院院长

现任武汉工商学院艺术与设计学院院长

湖北工业大学学术委员会副主任

前言

容器造型设计在现行的艺术教材中多属于产品设计的范畴，它涉及的面亦比较广泛。本书着重于商业类包装容器的造型设计，因为在现有的容器造型类教材中，比较少有针对平面、视传专业学生而设定的包装容器教材，常见的一般为较偏重工业造型类别的教材。这源于惯常认为包装容器属于包装设计，却在包装设计中也不被重视。包装设计中较偏重平面设计部分，而对造型的设计原则、方法、规律、制作等方面未做较系统的介绍。随着设计艺术的专业化和专题化发展，作为平面、视传专业的教师，针对本专业包装容器造型的学习迫切需要一本专业匹配度更契合的教材。

本教材主要倾向于平面、视传专业的本专科学生，内容主要为商业包装中具硬质特征的包装类，亦可称为内包装，是与产品直接接触的包装部分或产品本身的造型与设计制作。本教材涉及的容器类型偏重于商业容器，如香水、酒、日化用品、食品、药品、餐具、茶具、咖啡具等。本教材的整体结构是从容器的起源和材料工艺的发展开始到现代商业社会中丰富的现代产品包装，叙述了容器作为与人类活动息息相关的物件到成为现代商业包装中不可缺少的部分所经历的变迁。同时对包装容器造型的概念、意义、材料、技法、设计与制作以及石膏造型的制作过程都做了系统的介绍和分析。本教材既有理论依据的阐述，又有知识性、实践性的呈现，更注重学生的创新和思维的启发。

本教材提供的信息量较大，采用了大量的学生作品和国际知名设计资料图片。本教材是编者近几年来容器造型设计教学实践的经验总结，也是对平面、视传专业学生学习造型设计新的思考与尝试。在此感谢编写过程中给予我帮助的同事，感谢合肥工业大学出版社对我工作的支持，感谢提供资料图片的学生们。本教材所编部分作品图片来源于图书与网络，未能一一署名，在此表示歉意。因编写疏漏和知识水平有限，出现的问题与错误恳请同行专家读者予以指正，以待再版时修订和完善。

编　者

2016.12

目录
contents

1

第一章 概 论

教学内容

包装容器造型的概念、特征、设计要点及意义。

教学目的

能够让学生了解包装容器的基本概念，明确包装容器造型设计的思考方向。

重点难点

学生能够综合运用理论知识去分析设计内容，实现包装容器的功能效用、物质技术与形式美感的有机结合。

容器是指能够盛装物品的外部形态物质，包装容器与其他盛放物品的容器区别在于包装容器是为储存、运输或销售而使用的盛装产品器具的总称，是用一定的材料制成，具有一定的形状、大小、容积的器具。它与产品都属于产品的组成部分，包装容器与内装产品一起作为商品贩卖出去。

第一节 包装容器造型的概念

包装容器造型设计是以保护商品，方便使用和促进销售为目的，经过构思将具有包装功能及外观优美的容器造型以视觉形式加以表现的一种三维视觉的创作活动。这里的造型概念涉及材料的选择、人机关系、工艺制作等各个环节，将材料或物体加工，组装成具有特定使用目的的某种器物。容器造型设计是根据被包装产品的特征、环境因素和用户要求等选择特定的材料，采用一定的技术方法，科学地设计出内外结构合理的成品。造型设计运用美学艺术规律，使之具有实用与美观的统一，它是一种实用性的立体设计和艺术创造，应能实现技术与艺术的统一、功能与形式的统一、物质与精神的统一。

本书所涉及的包装容器内容主要指具硬质特征的包装类，一般是由模具生产成型或特殊工艺制成的玻璃、陶瓷、塑料等瓶罐类包装容器，或者是本身具较高强度和刚性，在内容物取出后外部形状不发生变化的容器类。此类硬质包装一般用于盛放液状、粉状、颗粒状、糊状等物品，广泛应用于工业生产和日常生活中。硬质包装容器有特有的多样性和艺术性，相对于半硬质或软质的盒袋式包装，存在着材料和制作工艺方式的区别，在造型上也有独特的体现规律。

第二节 包装容器的特性

容器造型设计作为现代艺术的重要组成部分与产品设计、平面设计、生产工艺设计等相关设计关系密切，由于各专业分工的不同，容器造型设计在各自专业中的侧重点都有所区别，本节主要针对包装设计中平面视觉领域的内容进行详述。

1. 功能性

具有良好的使用功能是包装容器设计的首要任务，每个产品从被包装开始就需要历经储存、装卸、运输、展示、销售、使用等环节。由此可见，包装容器的设计应根据各类产品不同的形态性质、用途、流通因素、消费环境等外部条件设计，相应地具保护功能的造型结构。比如：碳酸类饮料，产品特点使之应用最广的包装材料为铝易拉罐，这种材料有优良的阻隔性能，还具有抗压抗高温、不易破损等特性，其外形设计方便携带，开口设计方便使用，这些设计都针对了碳酸饮料的特点，兼顾了包装的实用性和保护性两个方面。

包装容器是内装产品的保护载体，是生产和销售的重要连接，所以需要重点考虑有造型、脱模、装填、运输、装卸、堆码、识别、展示、销售、提带、开启、取用、还原、保存、回收等一系列环节。如辣酱这种食品类包装，产品本身价值低，挥发性不强，使用时需借助勺子类工具，所以设计造型时一般比较简单，常见是大开口，短瓶身造型，重点是多为低成本实用设计，包装容器使用的方便，对生产企业的形象也有比较积极的影响，这种企业的经营理念和社会责任感树立起的企业形象某种程度上将化为经济效益。除此之外，某些特殊产品是便利性和经济性原则考虑之外的。如药品的容器设计需防止儿童或者认知障碍人士误食，所以大部分药品的包装设计上，特别是开口部位会特意设计一些操作障碍。这种设计是针对特殊人群的安全设计，需要依靠技巧开启，对减少产品于特殊人群存在的潜在性危害，有一定的积极作用和社会意义。

2. 工艺性

工艺与材料是包装的物质条件，是实现容器功能和审美的先决条件。材料和使用工艺对应相应的材料，同种材质不同加工工艺可取得不同的工艺效果。材料与工艺共同体现的质感、肌理、透明度、色彩、光泽等，品质与产品形象密切相关，对产品的整体感和档次视感产生着重要的影响。

现代艺术设计随着人们生活品质和精神要求的提升，越来越受到重视。造型方法是艺术的构想，是设计工作的非具化阶段，构想完成后需通过工艺技术结合材料手段完成构思的具体物化。所以，容器造型设计理念需与现代工艺材料相适应，互为关系，互相影响。只有掌握科学的造型方法与规律，正确使用加工工艺技术，并融入审美规律，达到功能与形式的完美结合，才能设计出造型新颖，功能合理兼具艺术美感的包装容器。

3. 审美性

包装能吸引消费者的眼球，引起注意，进而才能诱导购买行为，达到促进销售的最终目的。包装容器的审美性是通过加工工艺、制作材料和造型设计的科学结合而彰显出来的，它所传递的不仅仅是物质享受信息，更多的是对美好生活和积极信念的追求，并通过这些美感激发潜在的消费行为。这种美学的体现不仅仅是表现上的，它的丰富内涵以一套整体的营销概念为依托。

从文化意义上来看，包装容器的发展过程时刻体现着人类文化生活和审美追求的印记，现代包装容器设计也由最初的简单保护容纳功能发展成生产与消费的重要中间环节。现代包装容器设计还是一种文化现象和人类经济活动行为。不同的国家不同的民族或不同的人群其经济环境、审美喜好和使用习惯不同，这些因素都影响着包装容器造型的风格和特色，所以包装容器的造型观念受到特定的文化环境的影响。容器造型设计需达到美化和树立商品形象的目的，为了准确快速地传递商品信息，使消费者对商品产生信任和依赖，从而起到促进销售和增加附加值的作用。

第三节　包装容器的设计原则及意义

一、包装容器设计原则

包装本身即商品的一部分，它直接与商品的使用方式相关，有些商品与人直接接触，产品的的造型在身理和心理上都对人产生一定的影响。包装容器造型的设计原理和法则不仅仅是单一的形式美原理，它应是形式美和实用美的共同体。所以在进行容器造型设计的同时需考虑的因素有功能、工艺、经济、文化、消费者等。

1. 科学原则

包装容器造型设计涉及物理、化学、生物、材料、机械、人机工程学、心理学、美学、社会学等多学科理论，需要应用相关的理论知识解决容器设计中的各种实际问题。为提高产品的市场竞争力，采用新材料、新技术、新工艺来提高包装的整体质量。

2. 实用原则

包装容器设计最基本的保护功能使其产品具有实用价值。包装容器的设计使产品在整个流通消费过程中具安全性、可靠性及稳定性，具有足够的强度和刚度，不泄漏或渗漏，不与内装物发生反应，在保质期内防护功能不失效，不可对人体产生危害。产品的包装容器以适当的材料结构和造型等来实现其保护功能，并防止因自然条件变化或人为因素可能引起的商品损害。

3. 创新原则

市场竞争规律中显示新颖、独特、实用的包装容器可引起消费者兴趣，能提高商品的竞争力。设计师需要了解市场需求，充分考虑消费群体的心理活动，最大限度地满足消费者追求新鲜感的消费心理需求。

设计的本原意义即创新，无论开发性的设计或者改良性的设计，都需把握好求新的尺度，太过则为搞怪，包装容器造型设计应考虑市场需求，以实用和符合消费者心理为基础，不可天马行空，凭个人喜好完成。包装造型设计是一项创造性的活动，创新是成功的容器设计不可缺少的特征。

4. 经济原则

商业活动的运作原则最基本的就是以最少的投入获得最大的收益。当前市场竞争异常激烈，降低包装容器运营成本成为企业取得竞争优势的重要因素之一，现代包装容器的生产需要物质材料和加工成本核算，所有环节直接关系商品生产成本与市场经济效益。容器的开模、材料、造型、结构、贴标、罐装、封口、外包装、运输、堆码、展示、回收等各个环节都需进行价值工程分析与经济成本核算，控制成本不可忽视。

控制成本相对高端产品而言亦有例外，为应对成品的仿冒和造假，使用设计复杂，模具制作难度高，造型工艺复杂的容器可规避一些仿冒风险。对于这类产品而言，采用的高成本造型和高端工艺技术更能保护产品的行业利益，维持品牌形象，所以其造型的美学追求与实际成本的平衡关系相特殊。

5. 环保原则

中国包装协会设计委员会针对包装设计的优秀作品评判标准为：礼品包装的材料应在生产产品成本30% 以内，低档和普通包装的材料应控制在产品生产成本的 3% 以内，这些数值也为我国绿色环保包装容器设计标明了基本依据。

曾经也为包装废弃物造成的环境污染，使商品包装设计一度被称为“垃圾文化”，环保型包装的设计成为新的趋势。目前，澳大利亚和日本等包装业发达的国家正积极开展简化包装、节约资源、保护环境的运动，作为企业和消费者也应共同支持环保，把包装污染降到最低。包装材料的选择上可以是可再生或可循环使用，易回收处理对环境无污染的包装材料。力求实现包装产品生产加工的低消耗、低排放的生产过程，尽量减少环境污染。

6. 安全原则

安全原则从以人为本的理念出发应为包装设计的首要原则，应坚决杜绝带有残留有害成分的包装材料，一直以来消费者都是被动接受者，对于包装材料的可信程度各不相同，普遍认为材料的安全程度上最可信的有玻璃和陶瓷，其次是木材和塑料。

包装材料不仅需要材料安全，还需要能安全地保护产品流通，如因其材料刚性硬度高，或有锐角、尖刺等造型也会给消费者造成安全隐患。还有，对内容物的安全操作方法和相关使用信息也应有醒目的提示信息。

为避免不必要的安全隐患出现，需从包装容器的选材、造型、结构、信息等环节贯彻安全原则，保护消费者的安全。

二、包装容器设计的意义

1. 社会意义

随着社会经济技术的发展和进步，人们对包装容器的需求从原有的使用功能向艺术审美转变，对容器的造型设计不仅是单一个体的需求，更是社会的共同需求。巧妙而合理的设计不仅达到了包装容器的审美功能，还能在储存、运输、销售等各个环节中达到促进销售、降低成本、经济环保等效用。一些好的造型设计不仅是产品的包装，还能成为艺术品，增加生活情趣。社会需要容器的造型设计避免环境污染和人力资源、物质资源的浪费，企业需要配合社会需求对容器进行外观设计，增加产品附加值，提高产品销售量，增强企业竞争力，双方应互为影响，共同提升。

2. 文化意义

当今世界是一个东西文化相互冲突、相互融合的多元化时代，信息传递和交流平台空前发达，人与人之间的交流更为方便快捷，不同国家和不同民族之间的文化和生活交流频繁。在这种多元交融的大文化背景之下，如何在设计中体现本民族文化特色，让民族特色文化能广为流传，影响深远，让设计的产品体现民族文化优势，是现今设计师应具备的能力。所以，优秀的设计师在进行包装容器造型设计时不仅解决容器物质功能、保护功能，还要能融入本民族文化精华，设计出符合消费者生活习惯、生活方式、文化层次、经济水平、价值观念等多方面需求的包装容器。

3. 功能意义

包装容器设计的首要前提是合理地解决包装容器的功能性需求。随着科学技术和材料科学技术的发展，设计的范围也越来越广，“功能性”在艺术设计中的内涵意义也不断延伸。传统意义上包装容器的实用功能范围相对较窄。现代包装容器的功能性可以说能带给人有益的方面，都可以称之为功能效益。比如，使用产品时，方便拿取、摆放，符合人机工程要求；存放时，它占据一定的空间位置，在人的视线范围时应具有美感和欣赏性；废弃时，它存在于生活环境之中可循环回收利用，不污染环境；容器的设计随社会物质生产而发展，它是一定社会的政治文化和科技发展的反映，所以它还需要具备社会文化性功能。

第二章　包装容器的材料和构成

教学内容

包装容器材料的发展，常用包装容器造型的材料：塑料、玻璃、陶瓷、金属和其他硬质材料的特性及工艺。

教学目的

了解常用包装容器制作材料的不同特性及工艺特点，让学生结合物质技术特点来进行包装容器的造型设计。

教学重点

在材料和工艺的能力范围内，合理地进行包装容器的造型设计。

包装材料是产品外包装的物质基础，是商品包装各种功能的具体承担者，也是构成产品包装使用价值的最基本要素。所以，作为设计师需了解和掌握包装材料的规格、性能和用途，可以科学合理地运用各种包装材料的特性，设计出新颖美观的形态结构。包装发展到现在所使用的材料非常广泛，从最初的自然材料到现在的人造材料，从单一材料到合成材料，科技的发展带动材料的变化，同时也促进着包装形态的变化。目前，最常用的包装容器材料有玻璃、陶瓷、金属和塑料，对材料的选择应以科学性、经济性、适用性为基本原则。

第一节　包装容器材料的发展

早期的包装容器均采用最原始最简单的包装材料和包装手法，大部分就是直接用包装材料加上裹包操作这种形式。人类最早采用的包装材料都是天然材料，历史上出现过各种天然材料的包装容器，如用竹条、藤条编制而成的篓筐，用兽皮做的皮囊；用陶土、瓷泥制成的陶罐、瓷器；用木材制成的木桶、木箱；用天然纤维制成的麻袋、布袋等。这些物品多数为手工制品，在历史上也一直沿用至今。

随着工业化生产的发展，包装材料发生大的变化，出现了许多新的材料和制作工艺，工业化产品也成了常用的包装材料。19 世纪开始出现工业化产品如塑料、金属、玻璃等制造各种罐、瓶、管、袋等包装。再到 20 世纪，合成材料工业的发展促使塑料、合成塑料大量用于包装。包装材料开始脱离应用天然材料，产生了工业化的包装材料生产部门。

第二节　包装容器的常用材料

由于材料与设计不可分割的关系，所以材料的研究在当今造型设计行业中是极被重视的课题。造型艺术将材料赋予生命，设计赋予材料使用价值。包装容器材料是指可用于制造包装容器的相关基础材料、功能材料和辅助材料的总称，包装设计人员必备的专业素质即能合理科学地运用材料的外观肌理、色调、成本造价和技术工艺等要素，设计出最适合的包装容器造型设计。

一、玻　璃

玻璃是已知最古老的材料之一。最早人们发现的玻璃是火山爆发时，岩浆喷出地面，迅速冷却后形成的天然玻璃。约 5000 年以前的美索不达米亚已经发明了玻璃制造技术，主要制作玻璃珠等饰品。约在公元前 1600 年，埃及已兴起了正规的玻璃手工业，首次出现玻璃瓶，由于熔炼工艺的不够成熟，玻璃还不透明。17—19 世纪，蒸汽机和工业革命促进玻璃工业工艺技术的飞跃，到了现在玻璃工业已经广泛应用计算机生产形成了机械化和自动化制作的方式。

玻璃作为包装容器最古老最常用的材料之一，随着社会的发展变化和新技术的不断出现，新型玻璃、浮雕工艺、喷砂工艺、彩绘工艺等为酒类、化妆品类、餐具类、香水瓶类、实验用具类等玻璃包装容器带来更为美观实用的形态。

1. 玻璃的分类

玻璃的主要成分是二氧化硅，一般通过熔烧硅土加上碱而得到，碱为助溶剂，也可加入其他物质获得所需效果。如加入石灰提高稳定性，加入镁去除杂质，加入氧化铝提高洁度或加入不同金属氧化物得到不同色彩。针对与包装容器使用的玻璃按化学成分可分为：钠玻璃，适用于大批量生产经济型玻璃制品，常用于食品罐和普通玻璃瓶；铅玻璃，透明度高，结晶亮的玻璃主要应用于比较高档的玻璃制品，如香水瓶和高档酒瓶等；矽玻璃，低膨胀性且耐高温，常用于高温环境使用的玻璃容器。

2. 玻璃的性能

玻璃材质的优势有：阻隔性强，不渗透，清洁卫生，价格较便宜，是良好的密封容器材料；容器造型可变；透明性能和折光性能好；有一定的耐热性能；化学性能稳定可耐水、油、碱以及大部分酸；坚固耐用，硬度大，无气味，可回收利用；以上优点其他材料不可替代，广泛运用于酒类、饮料、食用油、酱菜、蜂蜜、医药等包装等。

玻璃材质的劣势是重量大、韧性差、不耐冲击、易碎属于脆性材料，运输和储存成本相对较高，导热性差。制作时耐温差变化功能差，可加入硅、硼、铝、镁、锌等氧化物提升耐热性，在例行高温消毒和杀菌处理时可适应高温；玻璃容器厚度不均，其中会有气泡、微小裂纹会影响热稳定性，环境温度变化时易上雾，表面模糊；生产时易出现变形、皱纹、色彩偏差。

3. 玻璃成型工艺

（1）吹制成型

先将玻璃熔料吹出雏形型块，再将型块置于吹制模中，用压缩空气加压使型块被吹大，紧靠模具的内腔，形成需要的形状。适用于造型固定、要求标准、大批量的玻璃容器生产。

（2）压制成型

压制成型是在模具中加入玻璃熔料后加压成型，这种成型方式在玻璃工业中应用很广，优点是成型形态精准，操作简单，生产效率高。压制成型的器皿壁较厚，相对不易碎。一般用于加工容易脱模的造型，常见有扁平的盘碟和形状规整的玻璃砖等，较适用于餐饮用具和家庭日用玻璃器皿。

（3）压吹成型

先将玻璃熔融体压制雏形，再由机器吹制成产品。操作方法是：先将玻璃熔料滴入初型模中，用冲头压挤玻璃进入口模中，制成口部和雏形，然后移入成型模中，经重热伸长最后吹制成型。此方法制品壁厚薄均匀，表面光滑，场用于制作灯泡、水杯、高脚杯等。

（4）离心成型

将玻璃熔料注入快速旋转的模具内部，当模具快速旋转时，由于离心力的作用，可使玻璃熔料沿模具内部流动，获得所需造型。

品牌：Gin Mare
设计机构：Series Nemo
国家：西班牙

二、陶　瓷

陶一般有土陶和硬质陶，土陶一般烧制温度相对低些，如原始社会初期的陶瓷制作；硬质陶有了更进一步的发展，原料上有了较精细的筛细，烧制的温度位 900℃～ 1000℃，陶坯硬度提高，吸水性降低。

瓷是在硬质陶的基础上原料工艺有更大的提升，以新材料、新工艺和更高温烧成的器物，烧制温度为 1250℃～ 1300℃，瓷器的致密性更好，不渗水，硬度高，更结实。

1. 陶瓷的分类

（1）粗陶：多孔，表面粗糙无光泽，一般为红褐色或黄褐色，不透明，较大的吸水率和透气性，常用于盛装固态产品。

（2）精陶：较粗陶精细，气孔率和吸水率均小于粗陶，常作坛、罐和陶瓶等。

（3）炻器：介于瓷器和陶瓷之间的一种陶瓷制品，有粗炻器和细炻器两类，主要用作缸、坛、罐等。

（4）瓷器：比陶瓷结构紧密均匀，表面光滑，吸水率低，一般表面施釉烧制，较薄的瓷器有半透明性，主要用于制作瓷瓶、瓷罐等容器。

（5）其他 在陶瓷制作原料中加入金属，如镁、铬、钛等可使陶瓷增加金属韧性，耐高温、硬度大、耐腐蚀、耐氧化，也有在原料中加入发泡剂，形成质轻多孔、机械强度高、耐高温的泡沫陶瓷。

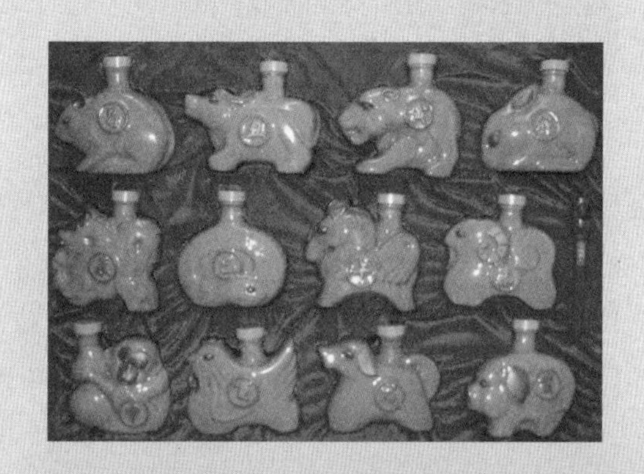

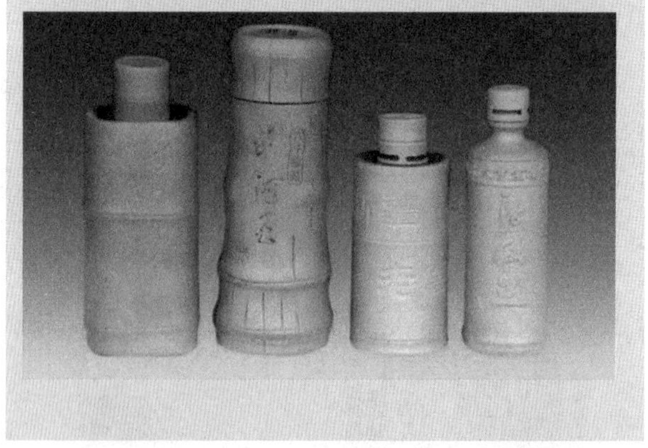

2. 陶瓷的性能

陶瓷的优势：化学性能稳定，耐腐蚀；耐热和隔热功能比玻璃强，耐温差剧变，高温 250℃～ 300℃时不开裂；硬度高，机械强度好，不变形；陶瓷材料造型手法特别，可做仿真造型、几何造型等。它特有的造型规律比较有优势，其他材料不可比拟，常用于化学药品和食品包装容器材料。

陶瓷的劣势：和玻璃相似属脆性材料；材料组织中有气孔；釉质与弱酸、弱碱接触可产生有害成分。在烧制成型后，瓶体会因水分蒸发而略有变化，需要提前预估。

3. 陶瓷的成型工艺

（1）注浆成型

将瓷浆料注入石膏模具中进行，石膏多孔吸水性强，可迅速吸收瓷浆水分，瓷浆料贴附在模具内壁，干燥后成型。用石膏材料做模具开模加工相对简单，陶瓷成型后烘干可修整坯模然后再上釉烧制。

（2）干压成型

通过对模具中瓷料粉末施加压力，压制成一定尺寸和形状。这种方法生产效率较高，易于自动化，制品烧成收缩率低，不易变形。

（3）旋坯成型

石膏模内装有泥料，固定在陶车上旋转，放入型刀，模内的泥料受造型刀的挤压和剪切作用，贴紧模具内壁形成所需要的坯体。

（4）其他

有挤压成型，类似玻璃的压制成型，主要用于管形和棒形制品，该方法操作简单，生产效率高，产量多；还有车坯成型，在车床上进行，主要用于外形复杂的圆轴对称形制品的成型。

三、金　属

金属类容器指的是用金属薄板制造的薄壁包装容器。金属材料包装在 19 世纪开始出现，随科技和工业的发展，金属材料的使用范围目前来说大部分被塑料或复合材料占据，但由于其独特的性质，金属材料仍不可替代，目前的各种包装材料中的使用率仅低于纸和塑料。

金属类包装有印铁制品：听、盒；易拉罐：铝制二片、钢制二片、马口铁三片罐；喷雾罐：马口铁制成药用罐、杀虫剂罐、化妆品罐等；食品罐：罐头、液体或固体食品罐；另有各类瓶盖：马口铁皇冠盖、旋开盖、铝制防盗盖等。金属包装的最大用户为食品行业，其次有化工产油药品、化妆品等行业。

1. 金属的分类

金属的类别很多，按照不同的要求分类也不同。工业上把金属分为黑色金属（纯铁、钢、铸铁）和有色金属（轻金属、重金属），用于包装的金属材料有：

（1）黑色金属，如薄钢板、镀锌薄钢板、镀锡薄钢板等。

（2）有色金属，主要是一些板材：铝板、金属铝板、铝箔等。

2. 金属的性能

金属材料的优势：强度高、耐压、延展性好，加工性能优，工艺成熟，可自动化生产，厚度可变，重量相对轻，不易破损；金属有很好的阻隔性，防潮遮光，能有效防止泄漏，能有效避免紫外线，具有较好的物理综合防治性能；金属表面光滑；便于装饰和印刷；可回收再利用，环境污染小，属绿色包装。

金属材料的劣势：金属的化学稳定性差，不耐腐蚀；环境潮湿时，可发生水分子电介质作用形成微电池，产生放电现象，可避免的方法有表面电镀合金。

3. 金属的成型工艺

（1）手工成型：手工成型过程都是由于操作完成属于传统的造型工艺。适应性强，成本低，生产条件简单，操作方法灵活，但产出率低，质量不统一，可应用于小批量生产或新成品试制。

（2）机器成型：依靠机器作用，使金属胚料塑性变形，获得具有一定形状、尺寸的成品。常见用轧制、挤压、拉升、模板冲压、自由锻和模锻等工艺制成。该成型方法产出率高，成品质量好。可机械批量生产，机器设备较贵，维护成本高，生产准备时间长，适用于大批量生产，造型多为方形和圆柱形，制作面较困难，造型局限大。

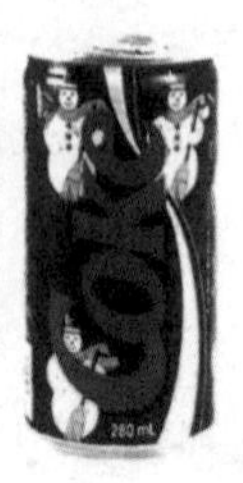

四、塑　料

塑料是一种天然或人工合成的高分子化合物，能够在一定条件下塑化为定型材料。大部分塑料以树脂为原料，添加其他辅料加工合成，可增加材料的强度、硬度和韧性。常规添加有：增塑剂、增强剂、抗老化剂、着色剂等。

塑料自 20 世纪问世至今，因应用范围广，经济实惠，使用量逐年增加，我国塑料制品在包装产业中比例较高，是常用包装材料之一。近年来，由于塑料包装材料的特殊性质，产生的环境问题使之受到了冲击，2008 年金融危机时各国对其的生产和需求量有所下降，但是基于塑料材质的优越性，塑料仍然领先于其他包装材料。

1. 塑料的分类

（1）热塑性塑料：加热后软化，能熔化流动，可以塑制成型，冷却后固化成型，可重复加热软化再成型，温度不可超过其分解温度。包装容器中塑料容器大部分属于热塑性塑料。

（2）热固性塑料：原料塑形时加热成型，定型后不可再次加热软化，一次成型即为最终产品，温度过高即会发生焦化分解，不可回收利用，应用较少。

2. 塑料的性能

塑料材质的优势：成本低，适应性好，透明度高，能着色，取代了部分玻璃和金属材质制作包装。塑料有优越的物理性能，抗震较好，耐磨，耐挤压和冲击；有较好的阻隔性，可阻隔空气、液体及灰尘；大部分具较好的耐腐蚀性，可用来盛装药品、化学品等；塑料的加工适应性强，可适应多种造型要求，有热成型适应能力；塑料还有绝缘性能。在常温及一定温度范围内不具导电性。

塑料材质的劣势：材料环保性能差，很难降解，燃烧时还会产生有害气体，对环境会造成一定危害；塑料在高温时物理性下降，易变形而且产生对人体有害物质；塑料的导热和透气性差，部分类别易燃易熔，易产生静电。

3. 塑料的成型工艺

（1）吹塑成型：将树脂颗粒放入吹塑机，加热融化，再从吹塑机的直角机头挤出坯管，当坯管达到要求长度时，迅速合模，切断坯管，在坯管中注入压缩气体，使磨具中的坯管吹胀成型。这种方式主要依靠模具和材料的热熔型即时成型，受设计和模具工艺的局限。

（2）注塑成型：这种成型方式适合热塑性塑料和部分流动性好的热固性塑料，可一次成型尺寸精确、外形复杂的塑料制品，生产成型快，可采用自动化和半自动化方式。成型制品一致性高，不需再次加工，模具利用率高。缺点是过程中可能产生气泡、浑浊、透明度差等现象。

（3）压制、压延成型：生产成本较低，工艺简单好操作，不易变形，主要用于热固性塑料制品的生产。缺点是全自动生产较难实现，对于形状复杂的制品不易成型，操作加压，精度不够，对磨具有较高要求。

（4）挤出成型：可连续生产截面相同的制品，较复杂的部件可以整体成型；设备成本低，操作简单，产品质量一致性高，可进行自动化大批量生产。但如果有结构复杂的截面则精度要求较难达到且模具造价高。

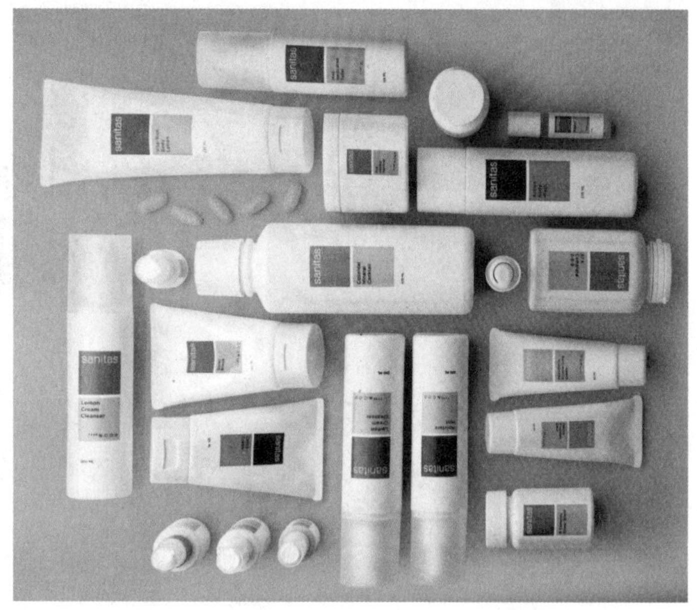

五、其　他

1. 天然材料

可作为包装容器的自然材料一般有竹、藤、草、棕榈、椰壳、皮革、布料、木材等，常用如下：

竹筒可直接用作包装容器，交工成竹条，篾片可编织各类容器，多用于工艺品包装或礼品包装。

藤条有柳条、桑条、槐条、荆条等。藤条的弹力大，韧性好，柔软度好可弯折，拉力强，耐冲击，常用制作一次性运输包装或小型特色包装容器。

草类有水草、薄草和稻草等。草类材料柔软、轻，有一定抗拉强度、弹性和韧性，价格低，原材料易得，可作一次性运输包装和小型特色包装容器。

棕榈材料是棕榈树上的一种柔软、有韧性、耐水、不易烂的纤维材料，可用来作衬垫或编织篮、箱等。

2. 复合材料

复合材料是两种或两种以上的不同材料，经过特殊工艺复合加工组合在一起。一般为基层、功能层和热封层。基层有美观、印刷、阻湿等功能；功能层有阻隔避光功能；热封层因与产品直接接触需有耐渗透、热封性和透明性等功能。复合材料符合现代对包装的多种要求，改进了包装材料的透明性、耐油性、耐腐蚀性，还能防虫、防尘、防微生物。复合材料包含的原材料种类繁多，性质各异，难以回收利用，一般废弃处理方式多作为发电燃料。

Sugar
Coffee
STANLEY HONEY
REUSE THIS POT
水ようかん

第三章　包装容器造型表现技法

教学内容

容器造型基本构成要素、应遵循的造型艺术规律以及造型方法。

教学目标

正确理解包装容器造型的美感内涵，以及如何利用已知规律和造型技法进行容器的造型设计。

教学重点

如何协调应用造型基本要素、艺术规律和造型技法。

容器造型设计的构成要素有点、线、面、块和肌理。在设计的整个过程中，需考虑包装功能和立体造型的有机结合，需合理处理基本功能和外形美观的平衡关系，即要充分考虑包装造型在生产、堆放、储存、运输、展示和使用过程中是否方便，还要兼顾造型的视觉效果是否美观且符合大众审美。

第一节　造型基本要素

一、点的运用

点在几何学上的解释为：没有大小，没有方向，仅有位置的。而在造型设计中点却是有形状、大小和位置的一个概念，就大小而言，越小的点作为点的感觉越强烈，当点大到一定程度时可成为面。

虽然作为点的出现分量比较轻，但我们不能忽视点的作用，单独的点细小而不具明显的视觉心理感，但丰富多样的点的组合形式能使人得到一定的视觉心理感受。在包装容器造型设计时点一般可作为凸点、凹点、角点等方式出现。在排列方式上有：单调排列，感知效果为规整、秩序、严谨、庄重，过之则单调无生趣；间隔变异排列，在保持秩序与规整的基础上，相对活泼些；方向排列，将点按一定的方向进行有规律的排列，给人的视觉留下一种由点的移动而产生的方向指引感；秩序排列，由大到小的点按一定轨迹、方向进行变化，使之产生优美的秩序韵律美感；不规律排列大小不一，排列随意不规则的点能形成活泼的视觉效果，但应注意整体效果不可太乱；图案排列，有意将点排列成图案纹样或图形，密集时可产生点的面化。

二、线的运用

线是点移动的轨迹，线是最基本的造型要素，合理地使用线条做造型设计十分关键。线有两大基本类型:

直线和曲线，直线反映了运动最简洁的形态，有类似男性的阳刚个性：果断、明确、理性、坚定、有速度感和坚强感；曲线类似于女性的阴柔品格：柔和、丰富、优雅、感性、含蓄和富于节奏感。线条加宽会倾向于面的特性，粗的线条加强了力度和重量感，细的线条纤细、敏锐，显得柔弱，锯齿状线有刺激感，部分感觉不舒适。线条的排列：有秩序的变化线的间距可产生进深感和立体感；线的密集排列可形成面的视感；逐渐变化角度的倾斜直线，有扭曲的画面感。在造型设计中有造型线和装饰线之分。

造型线是指造型设计时三视图中所能见的线。造型线是容器外形线，构成轮廓的重要条件，决定容器的基本造型。采用的线型不同，可以让观者体会的感受不同；装饰线是指依附于造形体，有装饰作用，不影响整体结构的线。装饰线有丰富形态结构的作用，还能制造某些质感和肌理效果。

三、面的运用

面是线的移动轨迹，同时也是立体的界限或交叉。在造型学的说法，面是一种形，由长度和宽度共同构成的二次元空间，在平面造型中所有非“点”非“线”的平面形象都是面。面的决定因素在“轮廓线”，因此边缘的形状决定了面的形态。面的种类较多，几何形能表现出明确、理智、简洁、秩序的感觉，但过度单纯的几何形则呆板，无生机感；不规则形活泼多变有轻快效果，处理不当易形成混乱效果；有机形，自然形态，顺应自然法则具有秩序美感，给人以舒畅和谐之感，须考虑形本身与外在力的关系才能合理存在。

用面做立体造型时须处理好面与面的大小比例关系、面的放置方位、面的相互位置和疏密关系等。在造型中一般曲面应用较少，多用平面造型。水平面视感有活泼的动感和方向感。

四、块的应用

块即块体，也是面的运动轨迹。块的形成依赖线和面，块的感知与轮廓线和体量有关。厚的块体使人感觉敦厚，结实；薄的块体使人感觉轻盈，秀丽。块有直线类、长方体、方椎体等基本形体。

块体使用的造型方式有：块的堆积、块的穿插和块的旋转、块的切割等。块的堆积指两种或两种以上的基本形进行组合，产生新的立体形态。块的穿插指一个形穿插于另一个形体之中，可穿插组合，也可穿透处理。块的旋转指以块体某部分为基准进行旋转移动，移动的轨迹即所需块形。块的切割指在某一个基本形上进行角、棱、点、块的切割，获得不同形态的造型。

五、肌理的应用

肌理是指物体表面的组织文理结构，即各种纵横加错、高低不平、粗糙平滑的文理变化，是表达人对设计物表面文理特征的感受。

肌理一般有自然肌理和人为肌理两种，在造型设计中，自然肌理指造型表面模仿自然形态中的纹理效果；人为肌理指通过材料的组织排列构造表现出使人得到触感或视感的纹路肌理。

人们一般对肌理的感觉是以触觉为基础的，由于人们对触觉物体的长期体验，以至不必触摸，也会在视觉上感受到质感，这称之为视觉质感。所以肌理有视觉肌理和触觉肌理之分：视觉肌理是用人眼能看的平面上印刷或绘制的肌理图案；触觉肌理一般通过拼压、模切、雕刻、编织、粘贴、喷涂、折皱等方式取得，使表面产生真实的可触摸的质感。

对于设计形式的因素而言，当肌理与质感相联系时，它一方面是作为材料的表现形式而被人们所感受。

C
Casa Loreto
VODKA
ICE VODKA

另一方面则体现在通过先进的工艺手法可以产生各种不同的肌理效果，丰富了造型设计的外在形式。

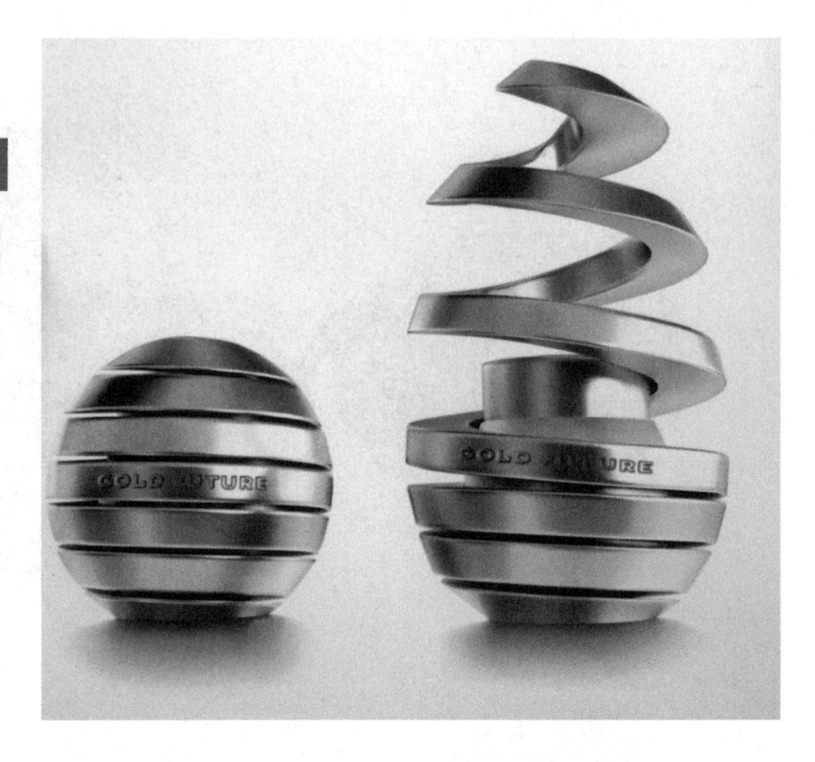

第二节　造型艺术规律

艺术造型方法是有内在规律的，人们在不断的艺术实践中总结归纳的可遵循的经验。随着时代、科技的变化，这些规律也变为具体和针对性。容器造型的设计在几千年以来的历程变迁之后，也有着一套自己的规律。普遍观念上的变化与统一、对比与调和即所有艺术行业通用的规律形式，如音乐、绘画、舞蹈等。对于容器造型而言，如造型设计时无变化则会单调无趣，过分强调则会显得琐碎。在具体的设计中可以运用较具体的艺术规律使设计达到审美要求。

一、空间感

每一个实体都占有一定空间，这种称为实空间，造型中也存在虚空间的概念，由造型本身的一些附加件形成。如壶的提手、杯的把手、瓶的耳等。这些构件的多样化，可给整体造型带来不同的感觉和不同风格，增加艺术感染力。

二、色　彩

色彩的运用是包装造型设计中重要的内容之一，材料色彩的运用对容器设计的合理及艺术性关系很大。设计时要遵循艺术规律，注意面积大小的对比关系、冷暖、深浅色调的对比调和关系，把握好整体的变化与统一，通过材质的色彩突出材质美感。最重要的是要特别注意不同色彩能给人带来不同的色彩感觉可加以利用。

三、细节处理

设计须克服为变化而无序的堆砌、拼凑，造型设计时整体与局部要协调，局部的变化可丰富内容，但不可破坏整体关系的和谐统一。造型局部一般指各种线角、盖部和底部结构等，在整体风格统一的前提下，将局部做精确处理，使特点突出，力求“画龙点睛”，要特别注意细部处理，避免“画蛇添足”。

四、节　奏

原意是音乐术语，其理论可适用于各艺术门类，容器设计时也需要注意设计的节奏韵律，那些点、线、面、块、比例、色彩、肌理等的反复和组织就应遵循节奏和韵律的美感规律。造型中要素有变化的重复，有规律的变化，形成一定的有条理、有秩序的连续性节奏产生一系列连续韵律、渐变韵律、交错韵律、起伏韵律等。

五、稳定感

1. 物理稳定性

容器在物理功能上的稳定性关系容器的使用是否合理，主要影响因素是造型的重心。一般重心低稳定效果强，即使有些底部较小或比例较高瘦的造型也可达到稳定的物理要求。此外，短矮的造型底部较大也可达到稳定的效果，如高脚杯、高脚托盘等。

2. 视觉稳定性

有一些造型并非完全对称，例如茶壶的两边是壶嘴和壶把，这种造型虽不是对称但是在体量感和位置感上到达了一种均衡关系，获得了视觉上的平衡感。设计造型时为了使造型获得视觉上的稳定，就要使主体与附件之间或造型上下、左右之间的体量与形式关系恰当，达到视觉平衡。

六、比　例

1. 功能比例

以功能要求为前提才能开始进入容器设计的步骤，如瓶类造型的容器设计，大部分用来盛装流动物质，有水、酒、油等，一般口径较小，便于封口及控制流量；果酱类的产品流动性一般，可采用大开口瓶型，方便取用；化妆品类的如香水瓶口，专门设计了喷嘴；面霜类的设计成大开口，便于取出使用。不同的容器有不同的功能需求，造型都有各自的特点和比例。

2. 审美比例

为满足人们对审美的需求，设计时需考虑美的影响关系，把握大众审美的规律与比例。如作系列包装容器造型设计时可先设计出基本造型，然后在瓶型各部分与整体的高低胖瘦上做比例调整：口径、腹径、底径稍作等比变化同时高矮不变，或者高矮变化，口径、腹径、底径不变，都能取得较好的整体感和系列感。

第三节　造型方法

包装容器造型的设计不仅要满足保护产品、方便使用和运输的功能，同时也要包含包装的审美功能。包装容器也是设计中的一门空间艺术，运用不同的材料和工艺技法创造一种立体形象，只有科学的掌握和使用容器造型适用的设计方法，设计出新颖且富于变化的造型，才能达到包装容器形体美、材料美共同作用的审美功能。

一、容器线面造型法

1. 容器形体部位造型

包装容器一般为硬质包装，多数以瓶体为主，瓶的容器形体部位有盖、口、颈、肩、胸、腹、足、底等八个部位，这几个部分随意变动某个部位都会使造型产生变化，研究好这八个部位的线性和面形的变化方法是我们做容器造型设计的重点。

（1）瓶盖

瓶盖的造型设计是容器的重点，它直接影响整体的风格特征，做系列造型时，可瓶盖不变，瓶体变化，且瓶盖是和瓶口相连接的部位，设计时需整体统一考虑，设计时需考虑的因素很多：内装产品特性、使用方式、密封性、开启方便性、安全性等。

盖部的造型做变化时主要表现在：首先是盖顶，可有凹凸式、立体式、倾斜式、易拉式、推拉式、铰链式等；然后是盖部角线，是盖顶面和盖体的过渡部分，这个部分的变化主要是转角的倒角是直线或弧线；最后是盖体，盖体是盖造型的主要视觉部位，它的线性变化直接影响盖的造型和瓶形整体线形。

瓶盖按高度可分为以下几种盖型。

口盖：较短的盖型，指高度刚好把瓶口的螺纹或咬口遮盖住，常见的有王冠盖、易开盖、螺旋盖、塑料塞盖等，常用于啤酒、饮料、调味品瓶盖。

颈盖：指盖体高度遮住了瓶的部分或全部的颈部，是化妆品和香水瓶常用形式。

肩盖：指盖体延伸到了瓶体的肩部，将整个瓶颈遮盖，直接落在瓶肩上。这种盖主要靠内塞密封，功能多为整体造型之用，有些饮料和酒类应用这种盖型时，取下的盖还可作杯子使用，增加了包装的部分功能。

异形盖：统指截面为非常见几何形或带有其他立体形添加的瓶盖造型。这种盖型多用于高档酒种、中高档化妆品。

（2）瓶口

瓶口部分的设计一般有标准化的通用形式，因此，瓶口的造型首先取决于封口方式，如螺旋式、内塞式、易开式等，所以瓶口和瓶盖的设计需同时进行，一体设计。

（3）瓶颈

瓶颈部分上为盖下为肩，它的造型变化取决于对瓶型总体的造型构思，有无颈型（如罐头类）、短颈（饮料类）、长颈类（酒类）。颈部可做的变化不多，可用直线、凸弧、凹弧。变化时应考虑需贴颈标的瓶型。

（4）瓶肩

瓶肩连接瓶颈和瓶胸，造型时需考虑瓶肩和连接部位的过渡关系。肩形有平肩形、抛肩形、斜肩形、美人肩形、梯形肩形。

（5）瓶胸腹

瓶腹胸是容器中两个不同的造型部位，共同组成了容器造型的主要部分，大部分情况下这两个部分的关系非常精密浑然一体，形状和线条走势直接相关，由于胸腹体积占的比例较大，所以线性和面形的变化相对更为丰富。

归纳起来有以下几种变化方式。

直线单面造型，是最为常见的瓶型。如红酒瓶型，以圆柱瓶体为主。

直线平面造型，如各种方形、矩形的瓶型，在此之上可将直角做弧面倒角变化，可形成平面圆角瓶型。

曲线平面造型，正视面为曲面构成，侧视面为直线平面构成的造型，具有明显的曲直对比，视觉感强。

曲线曲面造型，正视面和侧视面都是曲线造型。

正反曲线造型，胸腹曲面由一个以上的 S 形曲线组成，通过调整正面和反面的曲率能创造出许多不同的造型。

单曲双曲组合造型，采用直线单曲和曲线双曲结合的造型方式。

折线造型，采用平折线或曲折线进行造型。这种造型夸张，个性突出，有较强的形式感。

所有瓶型在胸腹部设计中都应注意标签位置的设计和预留。

（6）瓶足底

瓶底部是容器稳定性的关键，在设计中容易被忽视，在设计中若用心设计瓶底的，也可以设计出一些有特色的造型。一般硬质容器的足底部分以稳定重心为主要考虑因素都采用较厚的设计。大部分设计成内凹造型，可保证造型完整的同时提高容器的安全性。

2. 绘图法线面造型

（1）截面投影

截面投影形式的造型方法可以不改变瓶的基本形态线，只变化截面投影创造出新的造型，也可以既改变截面又改变瓶身线型，产生更大的造型变化。

（2）切点渐变

切点渐变造型方法是一种有序的造型方法。先设计一个原始瓶形，再在等距离内画出几条中轴线。然后在原始瓶上找到几个关键的形线节点或切点。由这几点开始作一定的斜直线、曲线或几种曲线和直线、折线，然后，采用等距离或数列渐变方式产生新的大量的方案。这种方法不会产生重复的造型，变化方式多变，是一种较为科学有效的容器造型方法。

（3）主、侧视图

可选择一原始瓶型的主视图，然后进行其侧视图的形变，可以创造出多变的造型。设计时应考虑好主视图和侧视图的关联性，需较强的空间想象能力和造型能力。

（4）相似造型

与切点渐变造型相同的是相似造型都比较适用于系列化产品的造型设计，解决了瓶形兼具共性和个性的整体协调感。具体运用方式与切点渐变相似，也是找关联结构和切点的放射渐变产生变化。

（5）表面装饰

表面装饰就是指饰线浮雕，以这种方式加强瓶体的装饰效果。在瓶形大多都采用单调平面或曲面时，可采用一些凹凸的装饰线或装饰形进行分割和添加。它的运用需符合对比和平衡的艺术原理，部位选择恰当，线条的疏密和空间的虚实需处理好，注意考虑模具工艺和标签位预留。

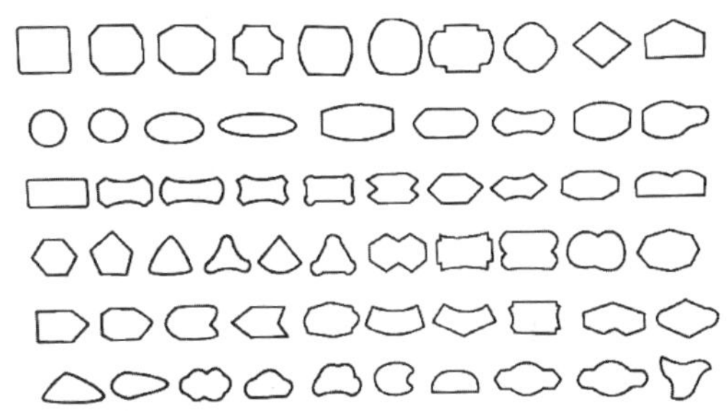

截面投影造型

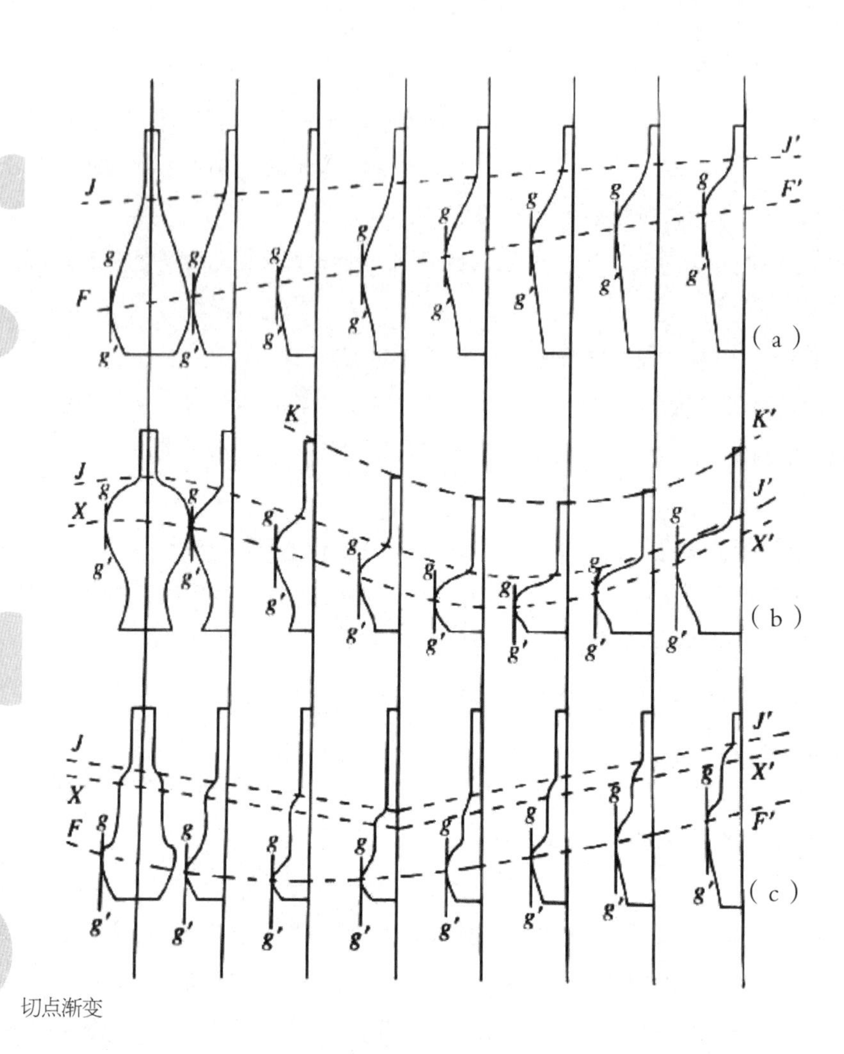

切点渐变

主视图	侧视图 1	侧视图 2	侧视图 3	侧视图 4

主侧视图

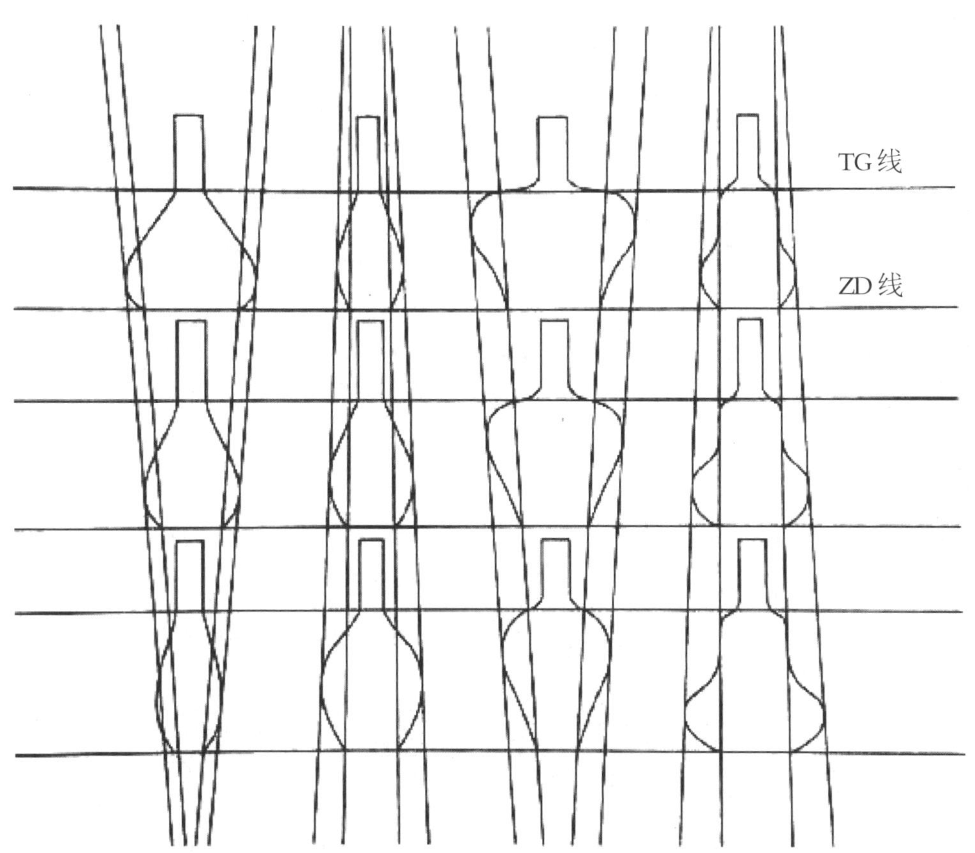
TG线
ZD线

相似造型

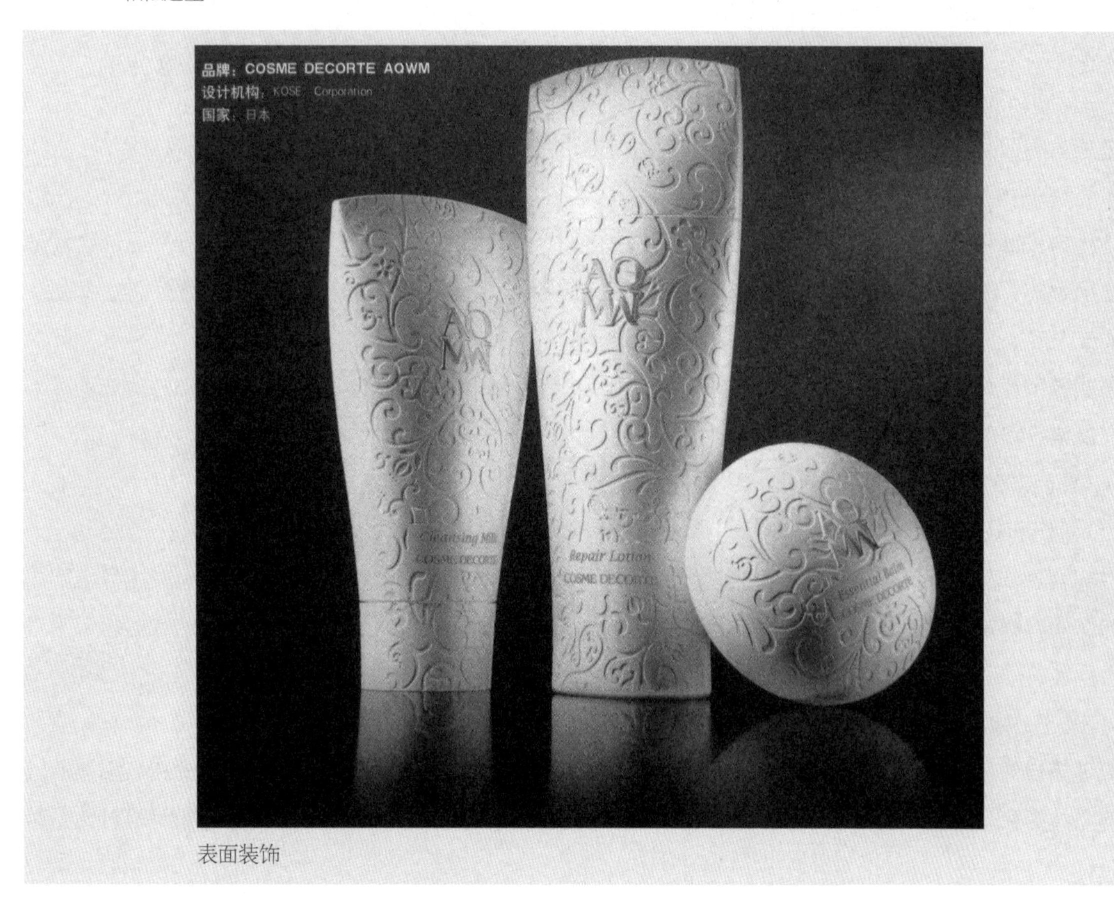
品牌：COSME DECORTE AQWM
设计机构：KOSE Corporation
国家：日本
Repair Lotion
COSME DECORTE

表面装饰

二、容器立体造型法

1. 形体的加减

（1）形体的相加

形体的相加指基本形相加，指两个或两个以上基本形体根据艺术规律组合成一个新的整体造型。设计时注意组合的整体协调，组合的形不宜多与杂，否则容易造成造型的杂乱或臃肿。

（2）形体的切割

对确定的容器基本型的局部进行切削，使容器造型产生丰富变化，利用艺术法则，注意被切割体与整体造型间的光系。切割后切口处产生新的面。根据切割的部位、大小、数量、弧度的不同，即使同一立体，断面的形状也会大有不同。

（3）形体的穿插

一个形体与另一个形体穿插可产生两种结果：一种是两个形体的结合；另一种是两个形体的剪切，也就是空缺处理。设计时以实用原则为主，审美原则为辅，打破基本形内部的整体分布。对基本形进行穿透式处理，获得一种不对称的形式美感。根据需要设置结合和空缺的部位、形状和尺寸。

2. 形体变化

常见形体有球体、方体、柱体、椎体等，形体变化相对以上基本型而言，依据基本形进行变化，这种变化手法适用于盖部和瓶身。

（1）变异处理

变异是相对于常规的均齐、规则的造型而言。可以在基本形的基础上进行弯曲、倾斜、扭动，或其他异形变化。这种形式的造型反常规，视觉感强，但制作成本高，多用于高档商品造型。

（2）凹凸处理

造形体的凹凸处理变化较少，通常为局部变化，提升容器的立体感和装饰性，增强视觉效果。

3. 形体的仿生

仿生方式即包装容器的造型直接模拟自然界中的物体，可采取写实和抽象处理，可增强商品的直观效果和展示效果，仿生的处理手法使形态的造型感加强，但需切合主题，合理的模拟对象，尽量简洁、概括，便于加工生产。

仿生造型原理在于反映大千世界，丰富和完善了包装容器的设计。自然界中的万千形态转变成商品形象给人以美的视觉享受，可吸引消费者。

4. 表面装饰

（1）切面处理

在容器形体上做规则或不规则的面形切割，面型可以是多角形面，也可以是圆弧面。有些瓶身全部是整齐的切面方格或菱格或三角形格，使之产生大量的面，艺术效果强烈，应用于玻璃材质的瓶型时可使产品更为晶莹剔透，获得良好的折光效果。

（2）肌理装饰

肌理指自然肌理和人为肌理两种，利用材料的配制，组织和构造使人得到触觉感和视觉感。肌理通过细微的立体变化，产生的肌理感即材质的质感。在容器设计中，肌理的运用能形成对比：如明暗对比、粗细对比、光滑和粗糙的对比。处理手法有凸凹、抛光、雕刻、喷砂、腐蚀、电镀、拓印等，经过处理使材料获得特殊的质感。

总而言之，设计方法是在实践中创造的，它受科学技术发展的影响，在实践过程中具体情况具体分析，将之前所归纳的容器设计方法融会贯通综合考虑合理运用，创作出造型新颖、功能实用的作品。硬质包装容器主要以瓶贴为主，瓶也是工艺最复杂的容器，在进行造型设计时掌握科学的设计方法，运用线面增减、长短、大小、方向、角度、直线、曲线的变化造型，通过对容器体态的研究提升空间构想，形态造型能力，以创造满足功能和审美需求的物质形态为最终目标。随着科技的发展和消费者要求的提升，包装造型日益丰富，在包装容器造型设计时也应增强对线、面、体、形态的表达能力和创造能力，了解形态发展变化的必然性和永恒性。充分认识和理解形态，有目标的创造新形态。因此，科学地掌握容器设计方法和合理地运用创造，对设计者而言至关重要。

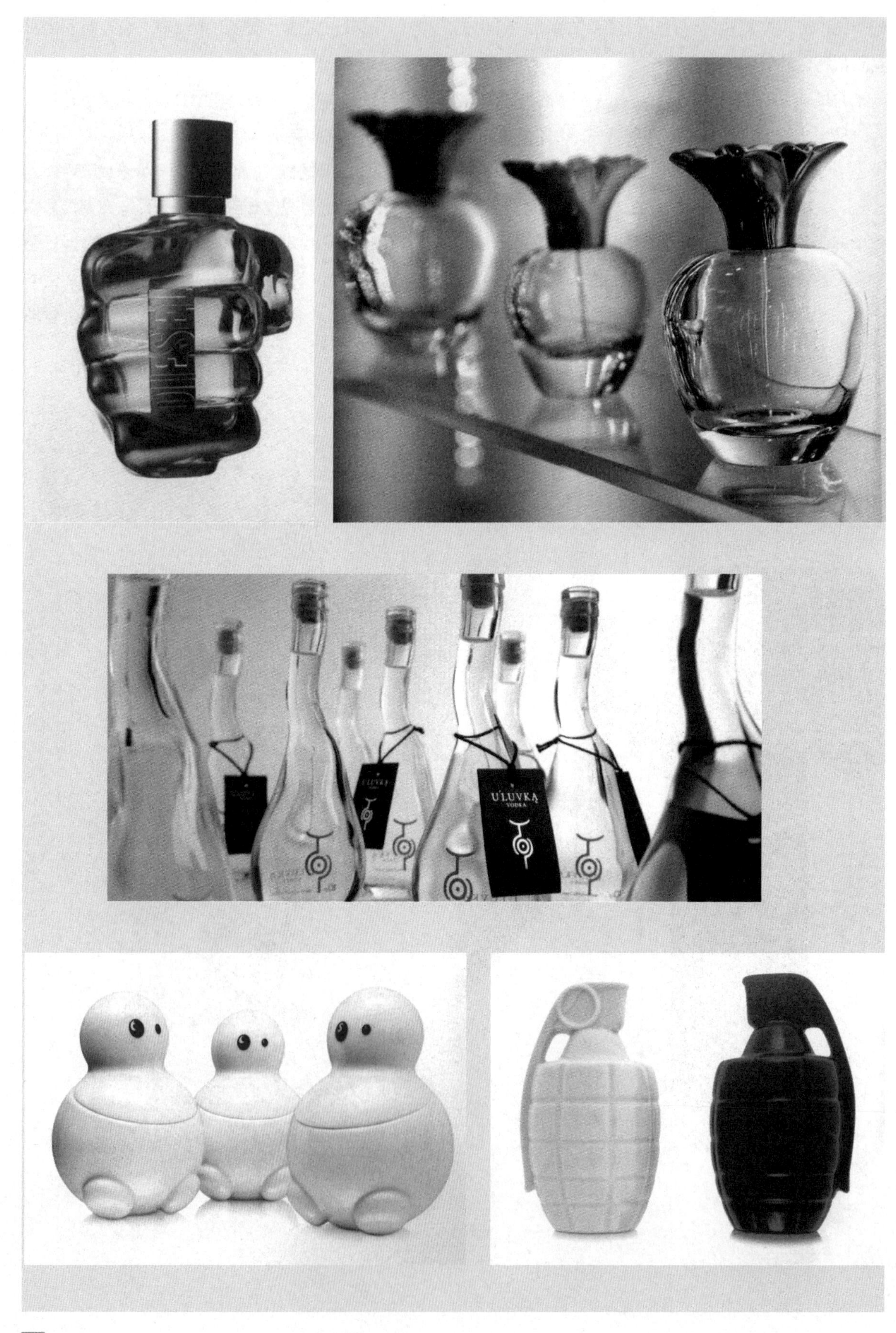
U'LUVKĄ
VODKA

Body Wash
Savon pour
le bain
Pampers
Kandoo
Shampoo
Shampooing
Pampers
Kandoo
Handsoap
Savon pour les mains
Pampers
Kandoo

£8
HOT & SPICY CHILLI OIL
THIS WILL BLOW YOUR HAT OFF!

第四章 包装容器设计方案步骤

教学内容

容器造型设计时间的基本程序和步骤。

教学目标

了解和掌握包装容器造型设计的步骤。

教学重点

包装容器造型的设计定位和创意构思。

在前期的准备工作中，需与客户深度沟通，了解产品的特性、功能、消费层和销售方式渠道等；然后进行相关产品背景和市场调查，再依托调查资料进行归纳分析，制定合理可行的方案，正确定位产品。最后开始进入设计方案流程。

设计方案的表现是设计的主要环节，它是将设计构思以具体的形态展示出来的手段，通常设计方案要通过几种形式依次表现，最终呈现的是清晰的图示和实物。一般有以下四个内容：草图、三视图、效果图和模型表现。

第一节 草图表现

前期的准备工作完成之后，设计师便可以开始对所设计对象进行构思，草图则是构思阶段的产物，是抽象到具象的转变，是前期资料分析后而确立的造型设计目标。草图的绘制通常以徒手的线描和速写的方式勾画，描绘用简单的线条表现构思粗略效果。绘制草图时应注意：可恰当地选择几个描绘的角度，突出设计的重点位置，效果明显直观，观者易懂；注意色彩的表现和阴影的处理，避免轮廓模糊、表达不清的形象出现，所使用的材质能体现质感；整体结构清晰，图示准确无误。

草图是设计师创意和构思的体现，这个环节充满尝试性和不确定因素，随机并充满激情，是设计师潜在思维的原始表现，可以先从零散的构思开始作记录草图，把一些稍纵即逝的灵感火花先记录下来；然后再从中挑选出可发展的、可行性高的设计，再思考和推敲，逐步地增加思考细节，注意整体和局部的光系协调，以扎实的绘画功底和丰富的设计经验为依托，以实际工艺技术和经济原则为条件，对方案展开较清晰的完善和深入。绘画应相对精致，可以针对容器的结构多角度进行绘制，可适当上色，草图为徒手绘制，不过于要求工整，可根据需要适当多绘制些备选方案。

草图的绘制一般要求简洁明了，常见的商业容器一般体型不太大，可采用 1 ： 1 的比例进行草图绘制；也可直接使用电脑绘图，更加形象直观也方便调整和修改。设计时注意需符合商业容器产品设计的基本原则、制作工艺和功能要求。

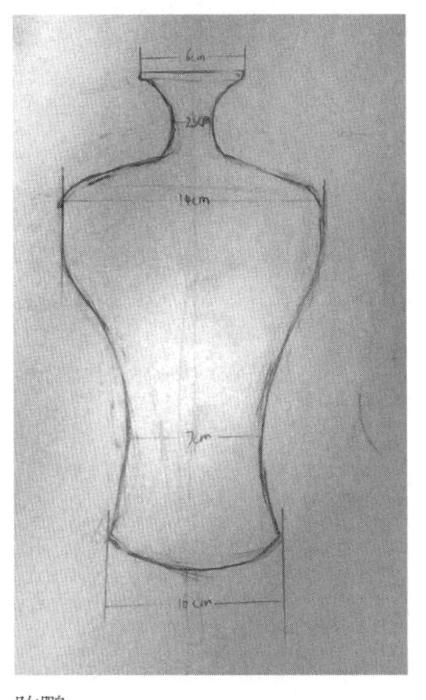

陈鹏

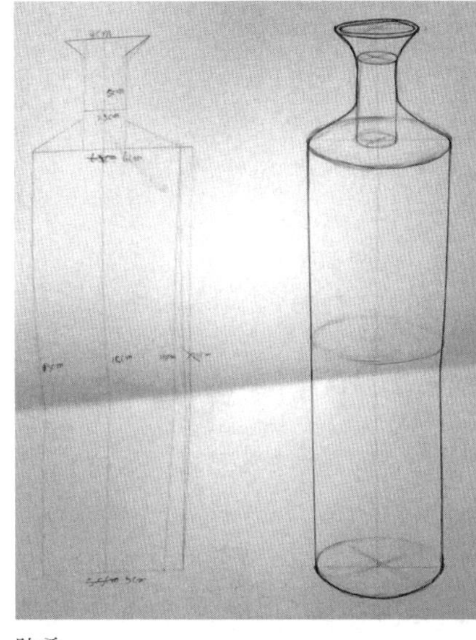

陈希

夏颖文

陈托

蓝佩文

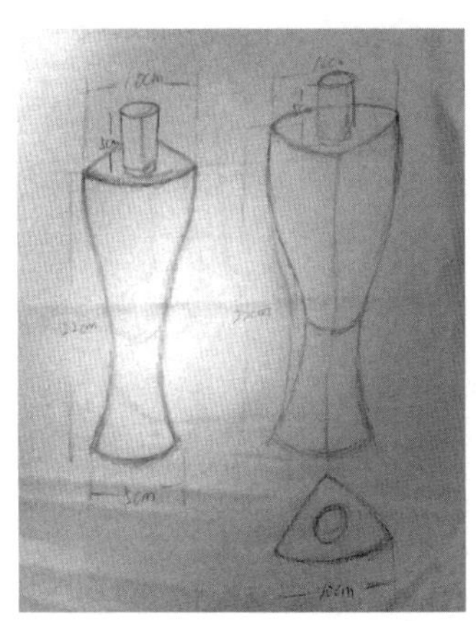

姚梦轩

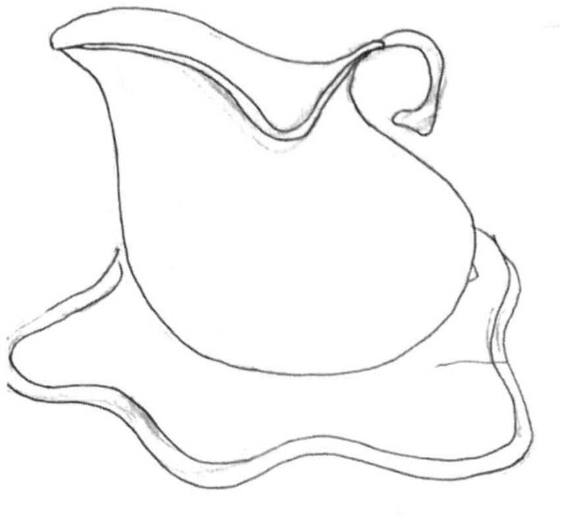

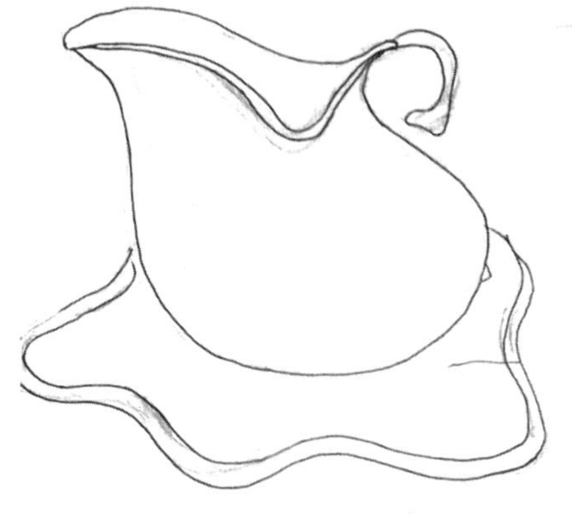

朱青青

薛志林

学生作品

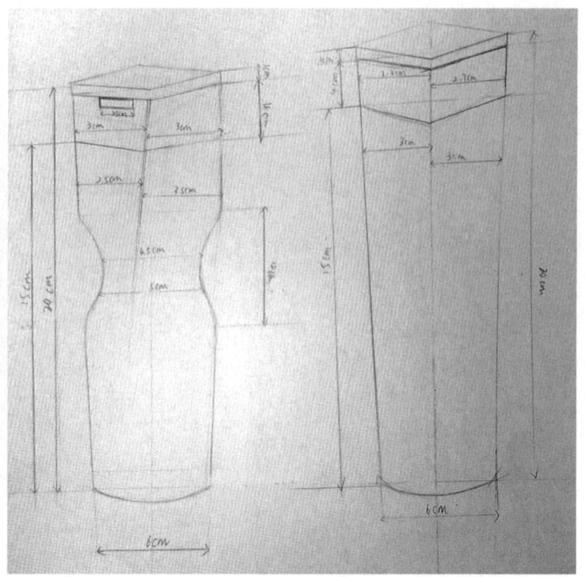
李思

第二节 三视图表现

容器设计在生产之前，应该绘制三视图，即工程制图，作为生产制作的依据，便于加工制造。包装容器的工程制图是表达设计意图的语言，它是一种投影图原理绘制的设计图。

工程制图根据投影图原理需要画出造型的三视图，即正视图、俯视图、侧视图。正面投影的视图称正视图，是表达造型的主要图形。侧视图是相对正视图的一侧，主要表明造型另一个角度的造型结构。俯视图表达从造型正上方向下看容器的形象，也称顶视图。一般包装容器工程制图按 1 ： 1 的比例绘制，需放大则采用 1 ： 2 或 1 ： 3 的比例；根据某些具体情况，如圆轴对称造型正视图和侧视图内容一样，则只需绘制正视图和俯视图。

一、规范使用线型和标注

为了图纸表达得清楚、规范、易懂，须使用规范的线型和标注来表示。

线型一般有：粗实线，用来画造型的可见轮廓线；细实线，用来画造型明确的转折线；尺寸线，尺寸界限，引出线和剖面线；虚线，用来画被遮盖的轮廓线，虽看不见但需要表现的轮廓部分；点画线，用来画造型的中心线或轴线；波浪线，用来画造型的局部、剖视部分的分界线。

尺寸标注目的是准确详细地把各部分的尺寸标注出来，便于识图和制作。根据要求使用细实线，尺寸线两端与尺寸界限的交接处要用箭头标出，以示尺寸范围。尺寸界限要超出箭头处 2 ～ 3mm。尺寸的标注线，距离轮廓线要大于 5mm。尺寸数字写在尺寸线的中间断开处，标注尺寸和方法要求统一。

图纸上标注的为造型的实际尺寸数字，以毫米为长度单位，可不标注单位名称。圆形的造型直径数字前标直径符号 ϕ，半径数字前标半径符号 R，字母 M 在图中表示比例，如 1 ： 2 表示实物比图纸大一倍。图中的汉字和数字要书写规范工整。

二、使用工具及其他

使用工具材料有：绘图板，各型号铅笔，绘图墨水笔粗、中、细各一支，直线笔，绘图笔或针管笔、圆规、三角板、曲线板或蛇尺、丁字尺、绘图纸、硫酸纸、绘图墨水、透明胶、图钉、橡皮等。

其他方面图纸要注明造型名称、设计者姓名、使用材料、容量、比例、实际时间等。

另外，除手绘的方式还可以用电脑制作，可根据实际情况灵活运用。

三、绘制步骤

1. 轴对称容器的正视图绘制步骤：

（1）首先在纸上画出中心，中轴线的位置确定。

（2）运用各种绘图工具较为准确地在中轴线上找到瓶口、颈、肩、身、底、足等部位的相应位置，并绘制出延长的平行线。

（3）找准各部位的转折，量出所需宽度，用曲线板或者蛇尺连接各点，完成一半的轮廓绘制。

（4）对于轴对称的造型，一般为左右对称或上下对称，通常的绘制方法均为依据中轴线取各部位的半径尺寸，先绘制出形体的一半图形，再复制出另一半图形。可在绘制出一半图形后沿中轴线进行折叠，再用拷贝笔勾出轮廓，再打开纸将拷贝痕迹绘制出来。

（5）利用绘制工具将图纸规范绘制，标注尺寸。

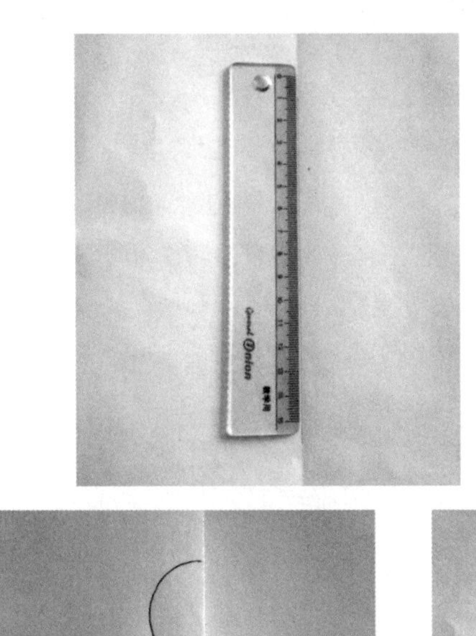
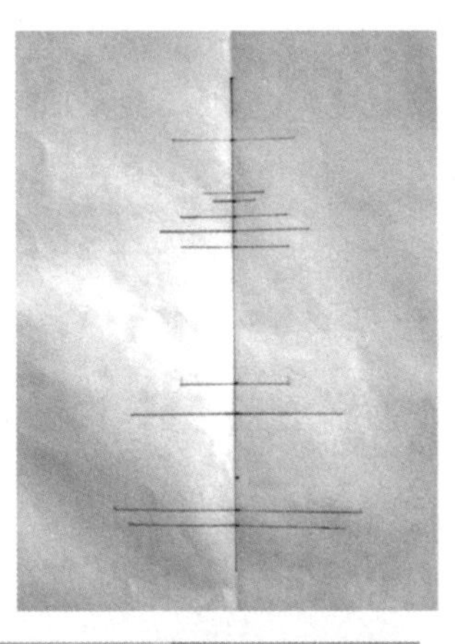
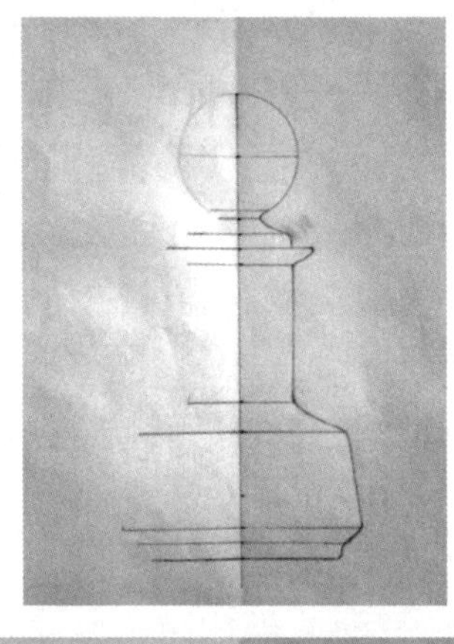
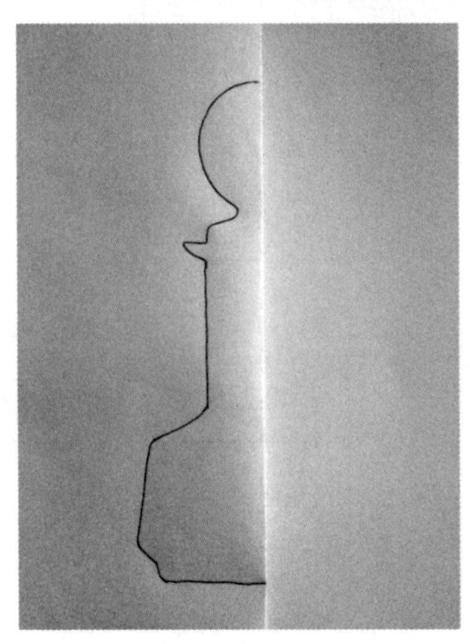
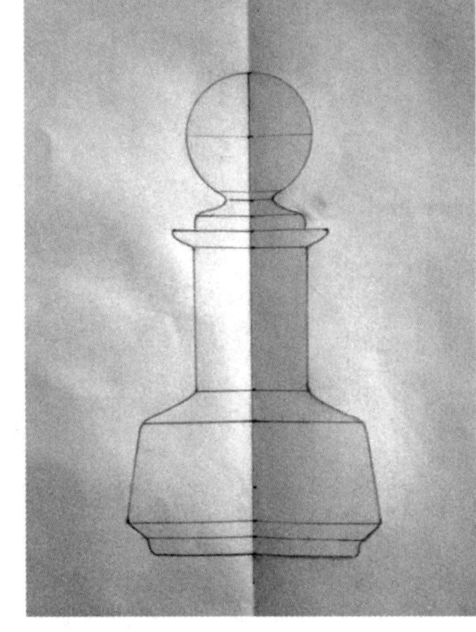
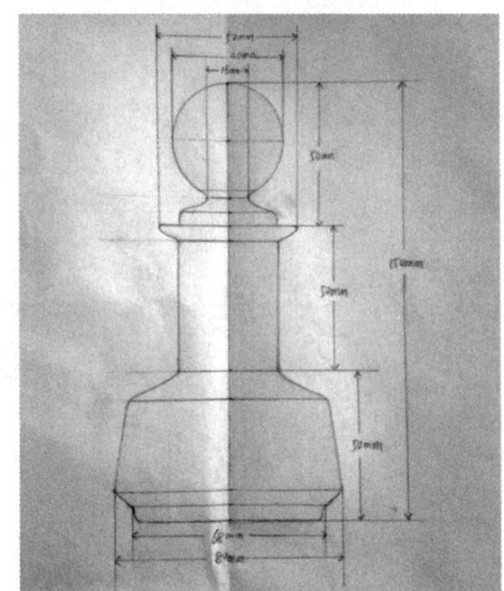

2. 不对称容器的三视图绘制或多视图绘制

（1）可先绘制器物的主体正视图。

（2）再绘制侧视图，如壶的壶嘴和壶柄，可将附件图单独绘制。

（3）绘制相应的顶视图，全部标注尺寸，可更为详细地了解容器的造型及尺寸。

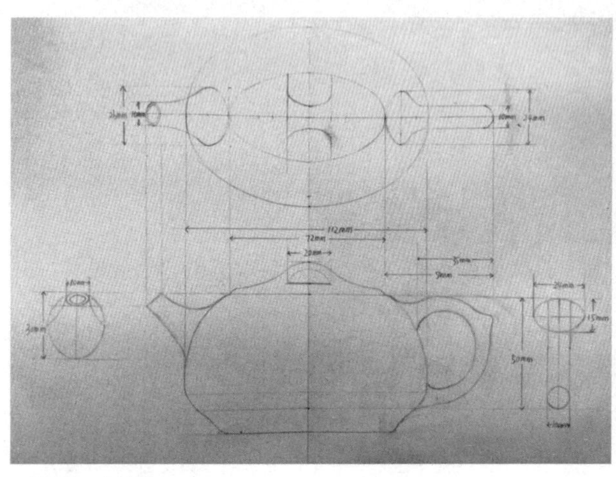

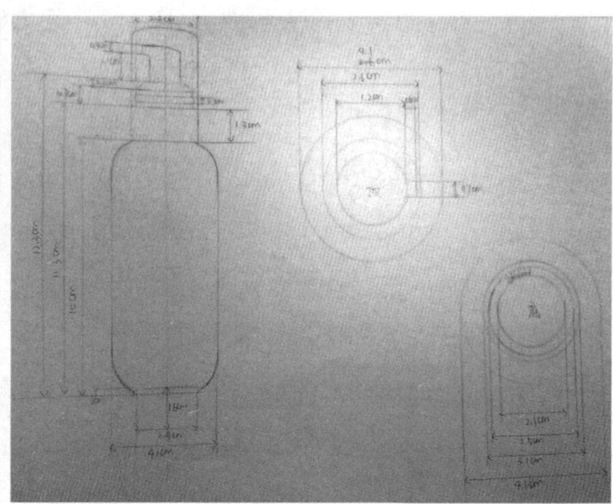

三视图　李梦琪

第三节　效果图表现

效果图的目的是完整清晰地将设计意图表现出来，在草图的基础上，运用各种表现技法对产品造型的形态、色彩、材质以及表面装潢设计等进行综合设计表现。它注重表现不同材料的质感及材料在设计中的运用效果。效果图比工程图更加直观具体，使人对设计对象一目了然。效果图要求对容器的形、阴影、色彩、质感进行综合绘制，并且运用美学原理和艺术手法进行总体规划和处理，有效突出产品特性，提高画面的质量和视觉效果。

效果图制作有手绘和电脑软件制作两种方式。手绘效果图一般用水粉、水彩或马克笔等绘制；电脑制作效果图可以用 3Dmax、Photoshop、Alias　Studio 等软件实现。效果图要尽可能表现出成品的材料、质量和效果。

王昱淇

王杰炜

丁晨

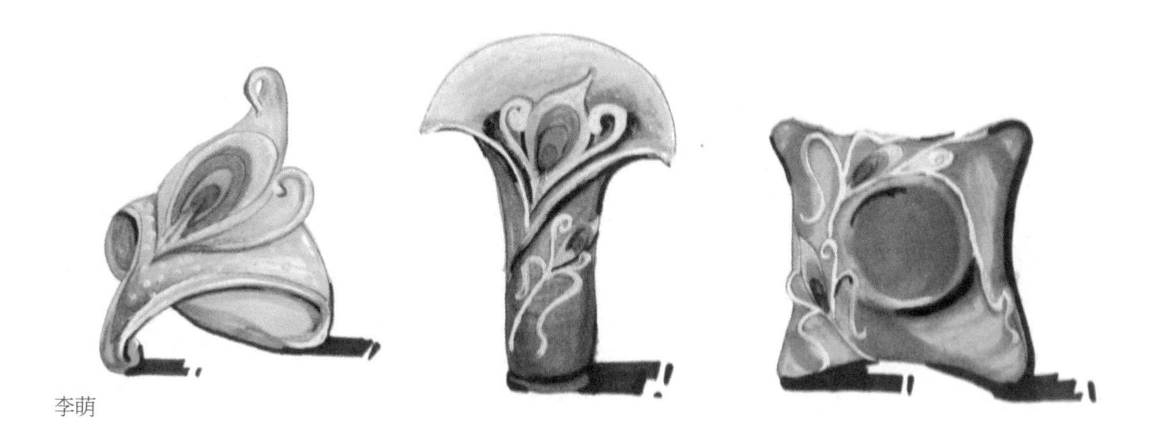

李萌

周亚君

肖维

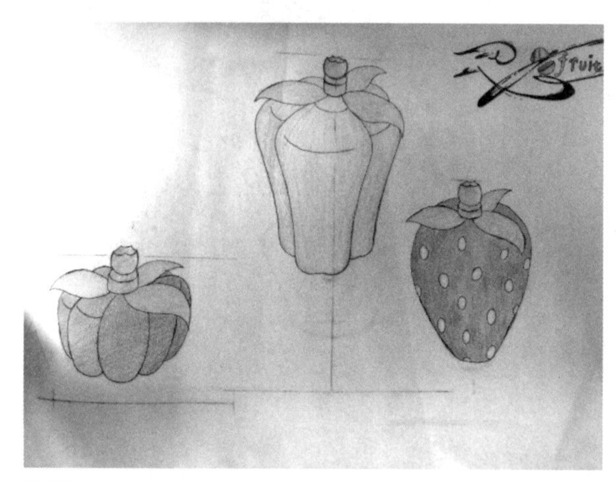

陈祺琪

高苗

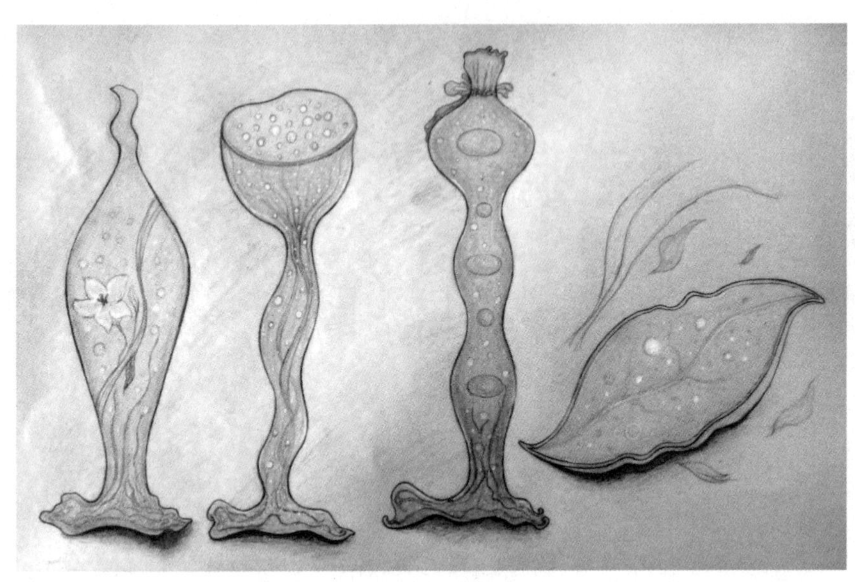

许红杰

董丹丹

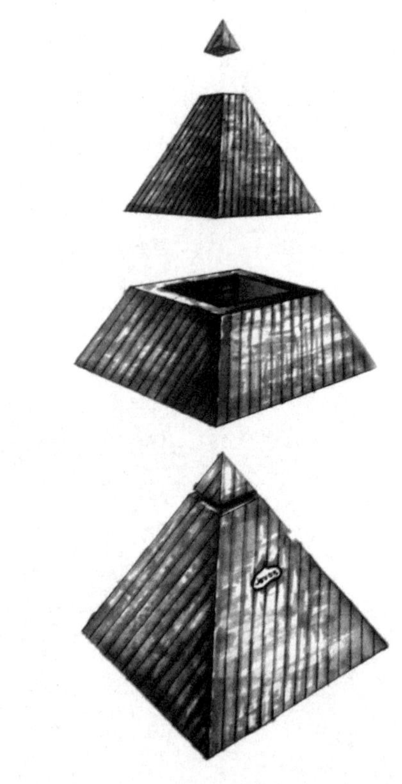

龚建文

黄文娟

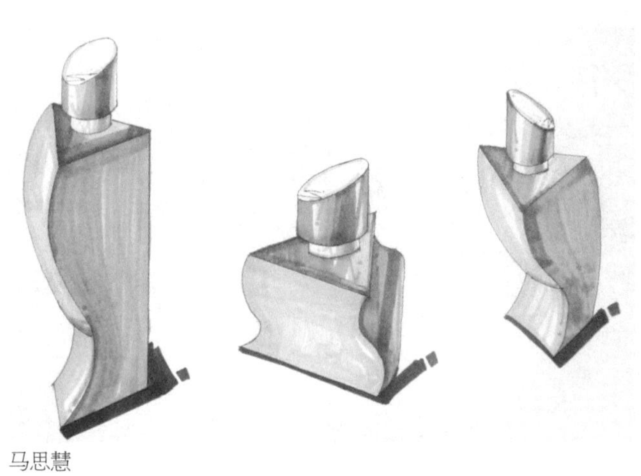

马思慧

陈雅昱

熊游

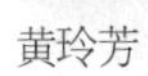
黄玲芳

彭甄

韩卓笑

方明月

余曲

夏秋悦

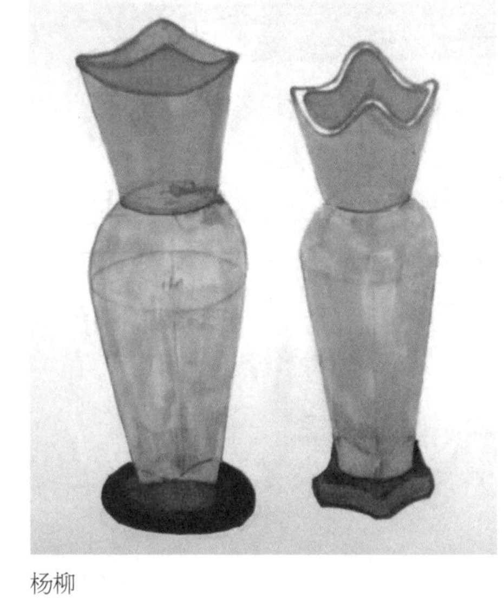

杨柳

电脑制图　郭超

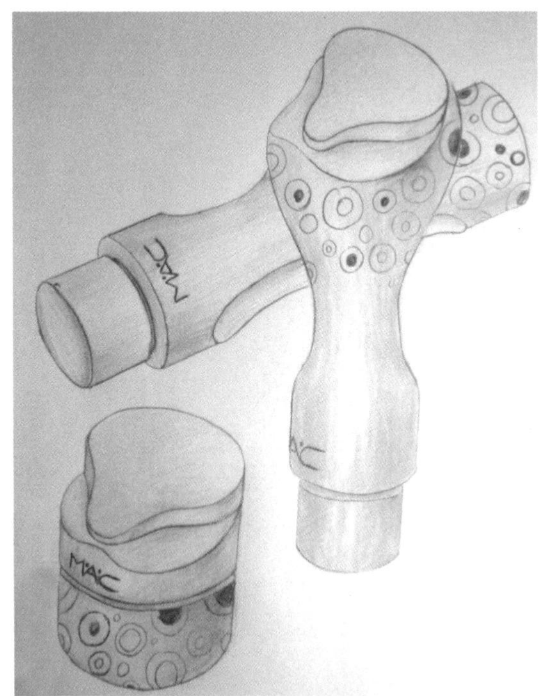

王娇

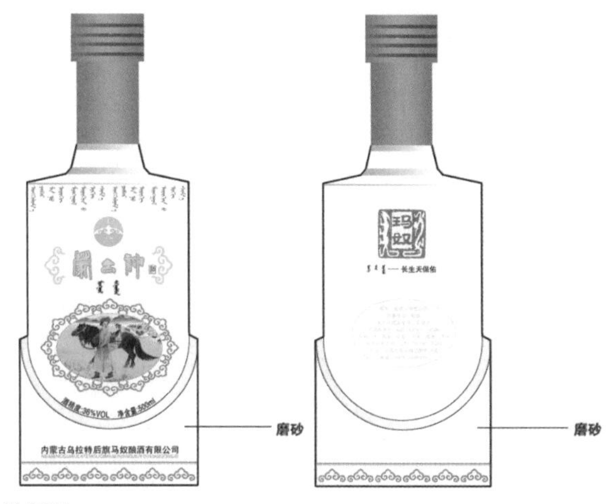

电脑制图

第四节　模型制作

根据以上草图，三视图和效果图制作立体模型，可使用的材料需可塑性强便于修改，如石膏、泡沫板、油泥、PVC 板等材料。

模型制作主要用来检验与推敲包装容器设计立体形态的视觉效果，便于检验与调整细节。模型的制作需要扎实的美术基础和一定的操作能力，还有对各种材料的了解和对工具与设备的熟练操作。模型可充分体现三维空间的视感和触感，较为直观地以实物的形式直接反映设计构思。在制作过程中，设计师要考虑的是平面到立体的转换过程是否可行，视觉感与触觉感是否统一，整体是否合理等。

5

第五章　石膏模型制作

教学内容

石膏模型制作的三种基本方法。

教学目标

学习和掌握制作石膏容器模型的基本技法。

教学重点

掌握制作技巧，力求制作成品结构的造型尺寸严谨而逼真。

石膏材质的特殊性能，非常适用于包装容器模型表现，所以我们通常应用石膏进行模型造型的制作。这里的石膏指的是熟石膏，以正确比例与水混合之后可凝固。制作时水与石膏的比例为 1 ： 1.5 左右，以手工制作为主。

第一节　制作工具与材料

模型制作整个过程需要使用的工具和材料有：旋坯机、石膏粉、三角刀、方刀、圆刀、尖刀、锯条、锯子、水盆、油毡或铁皮毛刷、脱模剂、砂纸、游标卡尺、铁丝、旋转托盘、砂轮机等。

第二节　调制石膏浆

首先准备两个一样容量的量杯，一个用来量水，另一个用来量石膏，干湿不能混用，以免石膏结块。先用量杯把量好的水倒入盆中，再按比例量好石膏粉均匀地撒在盆里。水与石膏粉的比例一般为 1 ： 1.5，石膏的比例越大，凝固后越坚固，如果水的比例过大，则可能石膏块不成型，呈豆腐渣样，一捏即散。石膏粉没入水中之后，不可立即搅拌，最好静置 1 ～ 2 分钟，等气泡冒完后开始搅拌，

把按比例量好的水倒入盆中

从中心朝一个方向搅拌，使水与石膏充分混合，尽量将多余气泡排出，当石膏浆流动时呈糊状而非流水状时可以浇注，浇注时动作应均匀且迅速，防止产生气泡和浆液凝固。

再把按比例量好的石膏均匀撒入水里

静置 1 ~ 2 分钟后搅拌均匀

第三节　石膏模型的成型方法

一、雕刻成型

石膏雕刻成型方式就是直接塑形，比较适用于自由形态的容器造型制作，步骤如下：

（1）先准备好倒制容器，依设计图纸中的容器大小，寻找略大于该器型大小的容器。如一次性纸碗或纸杯、塑料杯。

（2）然后调制石膏浆，倒入倒制容器中，待凝固后脱膜，在石膏模块的相应面画出三视图，然后运用工具锯条或铲刀之类进行大型的切削，去除多余部分，应注意留出 0.5 ～ 1cm 的余量，以备雕刻和打磨的损耗。切削时应注意做整体造型的大致外形，不必进行精致雕刻，应迅速在最短的时间内完成，这时石膏的硬度还不高，利于切削，时间长了石膏块完全固化后切削难度会增加。

（3）大型切割完成之后，再使用其他工具进行细部休整，也需要由粗到细，由整体到局

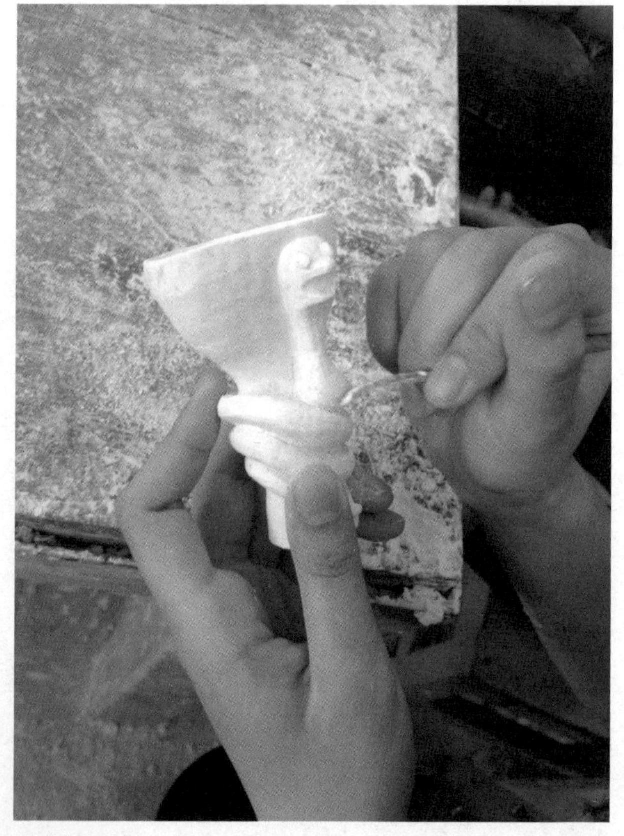

雕刻成型

部的雕刻步骤，需不时地从各个角度比较测量。可用木刻刀和小段锯条进行加工制作。锯条的有齿面可用来刮削表面，然后用背面招平。必要时可以把锯条用砂轮机磨成需要的刀型用于雕刻细节。

（4）石膏模型干燥后，再用砂纸打磨，可直接打磨或者水磨。

二、旋转成型

旋转成型的方式适合于圆轴对称的造型制作。

（1）清理旋转成型机上的操作环境，保护台面整洁无异物，防止转动时甩出。

（2）在转轮上挖些凹槽，方便石膏模块的固定，然后估算所需石膏坯的直径大小，用油毡或者铁皮圈出并固定在转轮上，特别注意应包裹严密，如有空隙需填补好。

（3）上述准备工作完成之后，开始调制石膏，将调好的石膏浆均速倒入圆筒内，避免产生气泡。待凝固后，拆下外围脱膜。

（4）准备合适的刀具开始车制模坯，一般使用刀具加支撑板，保持刀与模坯的垂直角度，从模坯的右边中部下刀。用力均匀，避免跳刀，先车制出较为标准的圆柱形再车制大体结构，注意留足磨损厚度。

（5）用小刀片或小锯条休整细节，造型过细的部位应小心用刀，避免断裂，完成打磨。

（6）全部完工之后，取下模型。用锯条切割底部，可在旋转时进行，注意保护好模型，防止甩出。

清理托盘并在石膏面上挖凹槽，便于固定石膏模具

围铁皮

用泥巴封闭缝隙防止石膏浆漏出

将调制好的石膏浆均速倒入铁皮模子

石膏完全凝固后拆模

用工具车制大体形状

车制大形

用小锯条修整细节

调整细节

制作完成后用工具取下石膏模

三、翻模成型

翻模成型可批量生产模型，是将原型翻制成石膏阴模，再利用石膏阴模翻制与原型相同的石膏模型。

（1）首先制作原型可用黏土、油泥、石膏、硅树脂、木头等材质塑形。

（2）原型制作好之后涂刷脱模剂，脱模剂可用肥皂液、凡士林、石蜡等涂刷两三遍，以表面滴水聚成颗粒为宜。

（3）确定分模线，分模线应设置在形体的最高点或形体转折部位，便于脱膜；然后沿分模线安好插片。

（4）准备好模框将原型按分模线浇注第一块石膏阴模，然后在这块阴模上挖些凹槽，用作固定位置的卡口。再取下插片，稍作休整，涂脱膜剂，再浇注另一半阴模，完成后取出原型，休整阴模。

（5）最后翻制石膏模型时，在石膏阴模的内壁和重合处涂脱模剂，固定好后将调制好的石膏浆从浇注孔中注入模腔内，凝固后脱膜，休整即完成了翻制模型。

原型

第一块石膏阴模

对合模的另一块阴模

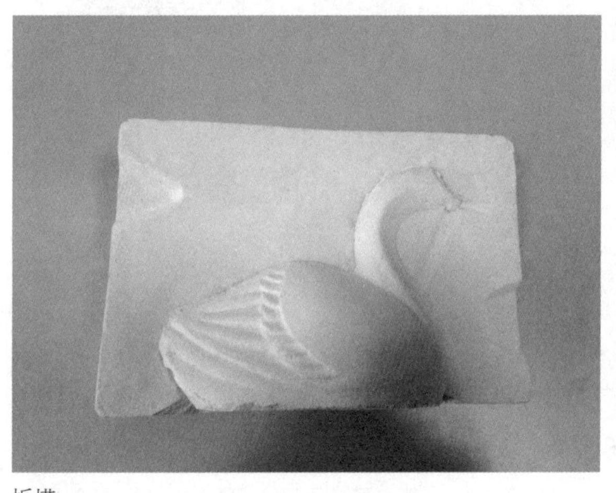
拆模

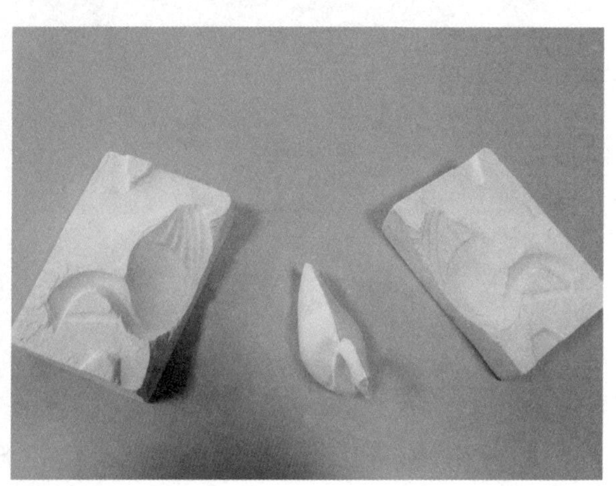
拆模

第四节 后期修整及上色

石膏模型完成之后，为使之效果更为逼真，可以使用相应的方式实现。

一、休 整

石膏模型基本干透大致需要一个星期左右，冬季时干燥时间稍长。如果想缩短干燥时间，可放置于白炽灯下，如台灯。不可日光爆晒，最好放置阴凉通风处。如有坑洞需修补最好在干透之前修补好，但补时用水调石膏粉，勿用切刮下的粉末、泥状石膏修补，这种分子结构已经改变，不可再凝固。如果模型边角有缺裂需修补，为加固效果，可用石膏浆加乳胶修补，干燥后再打磨，打磨时可水磨或干磨，把砂纸撕成或剪成小方方便精细打磨，水磨时可以在水龙头下开小水量边冲水边磨；干磨时可用刷子把粉末刷干净。打磨环节需耐心仔细，精益求精。

二、连 接

石膏模型制作时有些结构复杂和连结部较细的情况下，不能一次成型，需分几个部分完成后进行连接，或者有制作时意外断裂需黏结的。

如盖部与瓶体分开制作的石膏模型，可在两个连接面做连接结构：可一面做凸起，一面做凹洞，然后再插接固定；或者双面都挖凹孔，中间插木棍做连接固定。如断裂黏结应保持石膏模型断面原有状态，先湿润黏结面，再用石膏浆顺接缝滴入，过程应迅速完成。待干透后打磨修整，也可用胶水黏合，需使用黏稠的胶水，因石膏吸水性强，502 胶不适用，粘连时将胶水涂于黏结面中部，不涂满，以免外溢，待凝固后再调制石膏浆滴入接缝，干燥后打磨休整。

三、上　色

上述环节完成后，可进行上色部分，因上色需在石膏模型干透后才能进行，这时要正确判断是否干透，一般干透的石膏颜色会较之前更白，整体重量明显变轻，打磨物粉末状。上色可根据需要使用防水色料上色，可选择丙烯或者油漆，避免石膏表面起泡和鼓包。底色上好之后进行表面细节描绘，如纹饰、商标和文字的绘制，最后干燥完成作品。

第六章　包装容器设计常见类别

教学内容

针对设计类别进行各类方案的容器造型设计。

教学目标

围绕主题展开针对性设计，掌握更为完善的类别设计技能。

教学重点

针对各类型的设计围绕主题，按步骤进行设计。

设计是生活的需要，因为需要产生了设计，目的是使生活更为方便及符合各种生活工作的需要。所以说设计是具体的，主要是指它的具体可操作性和最终的可生产和使用性，围绕主题展开针对性设计较为关键，可行的方案步骤如下。

市场分析：对市场上同产品情况资料和信息进行收集，依据收集的资料进行相关分析，得出市场要求情况。

产品分析：对产品的具体品质以及其他产品与之比较的优势和劣势，找出本产品的独特之处，利于形态的设计表达。

确立主题：为整个设计找到一个较具象的依据，张扬产品的独特之处。

收集素材：将所有与设计相关的素材收集起来，对主题进行整体思考，形成初步设计。

方案推敲：在初步的设计方案形成时对其进行多方面的推敲，寻找最优方案。

设计要求：针对设计方案，形态上的生理心理因素规范，产品质量规范。

第一节　香　水

一、女士香水瓶造型设计

针对女士人群使用产品的设计，要求更具体针对人物性格的具体把握与表现，在产品设计中采取拟人化的手法将“女士”的典雅、高贵等特质表现出来。

首先相关信息的收集，对之进行相应的分析，信息部分有问卷或市场中其他品牌的产品质量包装及销售情况。如市场中不同档次女士香水的生产厂家情况、产品评价、消费者情况、产品优缺点、消费者对产品的印象（包装印象、瓶型印象、工艺感觉、色彩感觉、使用是否方便、价格接受度）等，在分析市场情况之后决定产品定位：层次、价格、投资、针对性等的定位。

“女士”香水可能具有的特征词：母性、温柔、柔软、呵护，整体感是柔和的，在以柔性线条为主导的因素下，可多变的性格有：热情、浪漫、冷艳、与魅惑、奔放、执着、性感等。

主题的确立依据来源于调整分析的结果，主题的定位是产品设计的灵魂，确定主题之后，严格围绕主题进行创作，以更为准确和贴切的形态语言来注释主题。例如梵克雅宝 Oriens 女士香水，以奢华和显耀享誉世界的梵克雅宝推出的这款香水由总裁及创始人共同创作，灵感来自于梵克雅宝的一只顶级碧玺钻戒。瓶身部分采用了极具分量感的圆润水晶玻璃，奢华大气，瓶盖造型如宝石切割，可随角度的不同透出粉红、橘红、黄绿色泽，让整只香水瓶洋溢着顶级珠宝奢华风情。

针对主题将有助于完成主题设计的素材集中，可从时代感、时尚因素、形态、质感材料、消费群体的共性和个性、文化层次等因素收集素材，以此为据大体设计方案的雏形形成。针对初步设计做进一步市场调查，并与生产方协商工艺材料、生产等问题。

方案的推敲有关于产品品质与器型、形态的性格表现、主题要求的语义在形态上是否解释准确，形态体量、空间、人机工程、比例尺寸、线型与造型、整体材料质感，造型的可行性等方面的因素应符合以下设计要求：针对主题的形态表述；有时代感具时尚性的造型；使用方便、功能合理；便于生产加工。

对于产品外观的要求：瓶身需完整、平稳、光滑、厚薄均匀、瓶口端正光滑、瓶身与瓶盖配合严密；瓶盖需内盖完整洁净与外盖合套、外盖端正、光滑、无毛刺、无裂；瓶盖与瓶口螺纹配合严密无滑牙松脱；使用材质需质量好，色彩应纯正，工艺精细。

二、男士香水瓶造型设计

香水行业，男士非主要消费群，但近年来男士香水市场有升温现象，受观念和社会进步的影响，在现代交往公共场所，社交礼仪的观念深入人心，使人们认识到香水在交际中的意义，男士香水市场逐渐增大，引起不少商家的重视。

针对男士设计的香水在气质上的特征词有：刚毅、坚强、严肃、庄重、潇洒等，线条设计上的确定适应男性的个性特色，直线条应为男性风格香水的主线造型，以表现其硬朗、坚毅的性别特征。不同环境不同时代赋予男士不同的内涵，如现代男士有涵养比较绅士，有知识比较睿智。另外，再针对产品主题，根据不同受众和消费群体定位各有区别。如：纯朴、野性的“牛仔”风或礼节，睿智的“绅士”风，比如 Marc Jacobs 的 BANG 男士香水。美国 Harry Allen 设计公司为了诠释 Marc Jacobs 的新款男士香水的本质，突出香水 Bang 的核心内容，为了达到既奇特有男子气概的要求，设计者 Harry 用榔头对一块金属敲击形成的面作为香水瓶的外形设计，最终的设计诚恳、自然，充满阳刚和乐趣。

梵克雅宝 Oriens 香水（1）

梵克雅宝 Oriens 香水（2）

Marc Jacobs 的 BANG 香水

第二节　酒

一、白酒瓶造型设计

“白酒”指高度酒类，在我国的白酒历史久远，上口口感辣，有烧灼感，白酒的品格特征有豪爽、勇猛、干练、阳刚之气。

市场上白酒容器设计有两个大的类别：一类是透明的玻璃瓶，一类是不透明的瓷瓶或陶瓶。近年来，白酒的瓶型设计有了一些微妙的变化，如都市化男士酒瓶，设计更优雅，野性转化为刚毅、坚强和执着。烈性白酒相对中高度白酒较有市场，在酒瓶设计上也趋于刚中带柔的性格特征如洋河蓝色经典三款。洋河蓝色经典的酒瓶通体都是蓝色的，酒瓶的设计很有艺术性，造型别致，这能激起消费者保存的欲望。同时它像一滴蓝色的水滴，由于酒瓶本身的蓝色，使得消费者看到瓶里的酒也是蓝色的，酒水的晃动使消费者联想到大海波涛汹涌的情形，这更能激起消费者的品尝欲望。洋河蓝色经典的广告词是“世界上最宽广的是大海，最高远的是天空，最博大的是男人的情怀”，蓝色的酒瓶把酒水包容起来，这就象征着男人像大海一样的胸怀，包容万物、海纳百川，无言之中透漏出一种大气，切合了成功人士的特点及消费观念。

二　葡萄酒、啤酒及其他酒造型

我国汉代时引进西域的葡萄酒，唐代初期酿酒工艺有了葡萄酒蒸馏酒：白兰地。世界范围内，把葡萄酒推向一个文化学高度的是法国，在法国葡萄酒文化渗透到了法国人的宗教政治文化、艺术及生活的各个层面，与人们的生活息息相关，随着世界贸易的发展和文化的交融，这种对身体有益的饮品受到世界人民的喜爱。

红酒的风格特点有：丰盈、厚实、芬芳、浪漫、情调，饱含感情色彩，也表现了人们对于葡萄酒的热爱。葡萄酒的保健功效和西方文化气质浪漫色彩使之成为老中青不同年龄层次的人群都追逐的时尚。

红酒性质温和，有专用器皿的要求和一系列品饮礼仪形成了独特的文化和艺术。就瓶型的设计者来看，因国际上有通用瓶型和容量的统一规范，造型的变化都不大，设计空间较小，设计工作的重点多为瓶标、瓶身图案和外部包装的设计，以及设计时价格、档次、口感等因素的影响。确定主题需要有较准确完整的诠释，如卡拉达格葡萄酒图案主要是为了提醒人们生活在卡拉达格的濒危动物。

啤酒是人类最古老的酒精饮料之一，啤酒于 20 世纪初传入中国，属外来酒种。啤酒是根据英语 Beer 译成中文“啤”，称其为“啤酒”，沿用至今。啤酒包装不能与白酒比剔透，不能与红酒比高贵，啤酒包装可素雅、可质朴、可繁复、可个性前卫亦可精美，新颖独特的包装往往最容易打动消费者。

其他酒还包括有烈酒、果子酒、利口酒 (Liqueur)、鸡尾酒等，烈酒的品类繁多，历史悠久，世界上许多国家都有各自产酒的历史和文化，造型工艺等方面都不断地推陈出新，我们应该把控的是：包装可提升其附加值，但应避免过度包装导致华而不实。

洋河蓝色经典系列

REMY MARTIN
CLUB
REMY MARTIN
Hennessy
チョーヤ
有機肥料
減農薬栽培
梅酒
CHOYA
HIGH GRAVITY LAGER
STEEL
RESERVE
211
HIGH GRAVITY
STEEL
RESERVE
MEZCAL
ROOTBEER STOUT
Lei Gong Chiang
AQUA VIE
JAVA
MUMM
CUVÉE NAPA

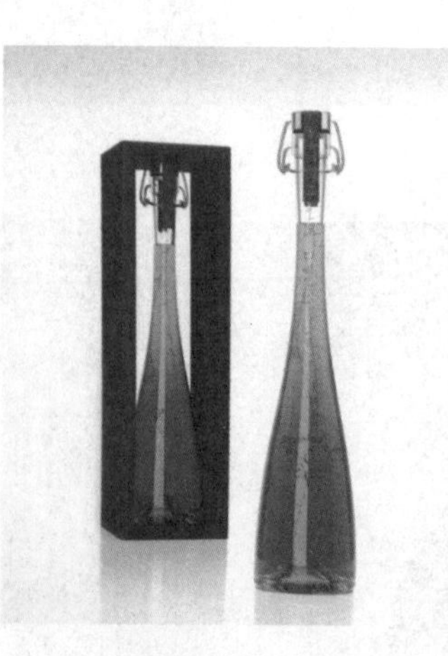

OMNIUM
OMNIUM

卡拉达葡萄酒图案为濒危动物

JOHNNIE WALKER
Blue Label

CABO UNO
TEQUILA AÑEJO
CABO UNO

ФЛАГМАН
ФЛАГМАН
ФЛАГМАН
ФЛАГМАН

GOLD LABEL
GOLD LABEL

MACLEAN
CAMINO REAL

Blue Label

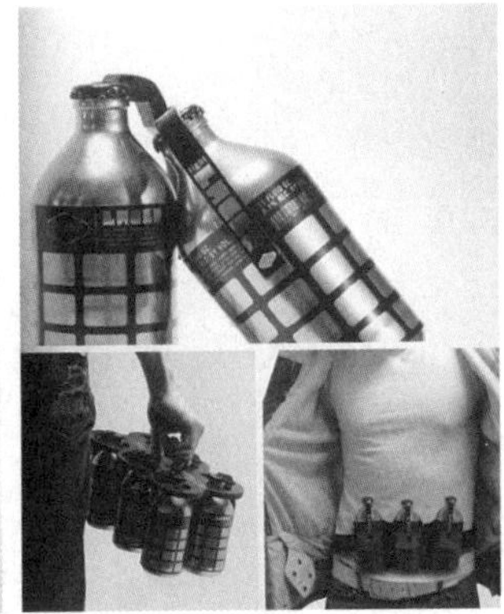

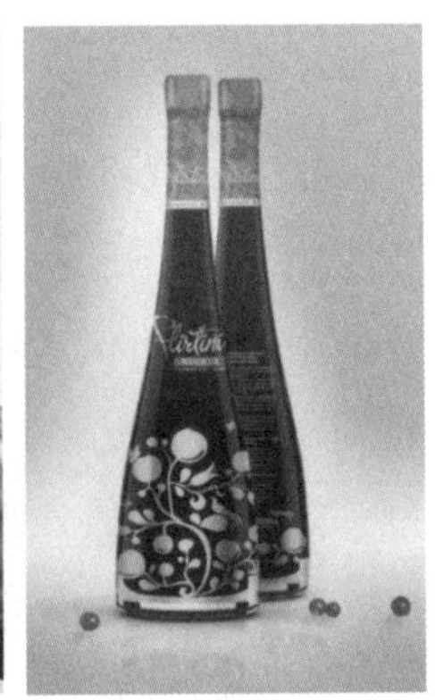

第三节 餐 具

餐具即人们用餐饮食的器具，为方便饮食也为了享受美食乐趣。在人类还没有发明生产生活用具时期，手是一切工具和容纳物，工具的产生大大扩展了双手的功能，为了需要，人类运用聪明和智慧创造了方便的生活用具，它是人手的功能延伸。

随着饮食变化的丰富内涵，食品用具也更加丰富，如盘、碗、碟、盆、杯等，而且现代餐具内容更为具体和细化。依照世界范围内不同国家和民族的不同饮食习惯来看，有着鲜明地域特色的餐具文化有以下几种比较常见。

一、中式餐具

中式餐具有平盘、汤盘、煲盅、碗、碟等，相对西式餐具品种多，这也说明中餐菜式种类丰富，就餐时使用汤匙和筷子即可。

二、西式餐具

西餐相对中餐而言需使用刀叉等自行分割大块食物，多为各种盘子盛装食物，有大盘、小盘、浅碟、深碟。就餐用具有刀、叉、勺，刀又分切肉刀、面包刀等；叉分吃沙拉用和吃肉用，勺分喝汤用和吃甜品用等，用具的分工很细，形成西餐文化。

三、日式料理餐具

日式餐具最特别的是有了餐盒的样式：分餐盒、定食饭盒、鳗鱼盒、大托盘、冷面盘、圆碟、方碟、花边碟、多为小型器物，品种繁多，地域特色明显。

因国际文化的交流和融合，日常用餐具也出现了一些多文化交融现象。注意正式场合中对餐具的要求还是需符合各种用餐礼仪，对于容器的造型设计要求首先满足盛放的实用功能，然后就是能使人在用餐过程中体验到的视觉和触觉愉悦感的形态和色彩纹饰的设计。

从形态和色彩纹饰上的设计可增加用餐者的心情快乐轻松感，有益身心健康。相对其他产品而言，餐具的设计需特别注意对于使用环境和人的心理满足，注意设计法则上的差异和食品用具的特点。

第四节　茶具与咖啡具

中西方有各自独立的饮用品的文化，如茶和咖啡就是中西方各自习惯的生活饮品。茶在中国有着极其悠久的历史，如今茶也遍布世界各地，有不少国家在种植并饮用，因茶的保健功效，广受世界人们的喜爱。咖啡的销售市场主要是西方国家，在中国的咖啡是近代才出现的，现代中国，由于西方文化的进入，咖啡也逐渐被人们接受，所以，目前在大部分国家和地区茶和咖啡豆已比较普遍。

一、茶　具

中国的茶饮文化历经千年，到如今制作方式和饮用方式已经非常成熟。现在的泡茶饮方法源自明代，与唐宋时期煮茶煎茶法不同的是有了“壶”以及壶流和器壁之间有了滤茶的壁，可以倒茶时阻止茶叶倒出。茶具的设计始终有浓郁的中国特色，古朴而富有底蕴，一般配套的有一壶、四杯四碟或六杯六碟。紫砂壶有单独使用的也有配杯碟使用的。闽南地区有功夫茶、小壶配小杯、配茶海等。

茶具的造型设计首先应从文化背景的特点入手，抓住中间特色的文化背景和中国的哲学思想气息，表现出深厚的文化背景和中国的哲

学思想气息，表现出深厚的文化历史积淀，表现出茶文化与艺术的处世哲学。裘纪平在《茶经图说》中有一段语茶的话：“以茶示礼，尊敬仁爱，以茶会友，淡而弥亲；以茶休闲，悠然尘外；以茶寄情，艺文卓然；以茶倡廉，简约节制；以茶雅志，修身养性。”描绘出茶的高洁品质，反映出风格、艺术、思想广泛的渗透与人的物质和精神两个方面。茶具的设计从功能上而言应满足要求，如：滤茶功能，腹大口小利于冲泡茶叶及保温，流的流畅性及壶与盖的密封性等。

二、咖啡具

咖啡的文化背景体现更多为西方文化，设计语言较为时尚和现代，配套物件一般有一壶、四杯、四碟、一糖缸、一奶缸。咖啡具的设计应体现西方文化色彩，咖啡饮品在欧洲历史悠久，与东方有截然不同的饮用习惯。现代设计理念源自欧洲，所谓现代感的设计语言符号也是有明显的特征和代表性的，可以从材料和工艺、使用方式、造型语言上寻找元素，灵活运用于咖啡具的造型设计中。

第五节　日用化妆品类

日化用品主要指日常生活种的洗发精、沐浴露、洗手液和护肤化妆品类产品。这类型的产品占据了很大的市场，各大商场超市都可见日用品化妆品的销售规模。

一、日用洗涤类

日用洗涤类产品共同特点有去污和保健，与其他类别化妆品有着本质的区别，如香水、美容类、彩妆类的产品分类明显，功能有针对性。日化类产品总体的特征为：档次相对较低，容量一般较大，使用的容器材料符合其价格定位，大多使用塑料。

在设计时也应该针对产品主题进行，以日化类产品的特点为基础，设计与主题相应的形态。围绕设定主题是设计的关键，目前市场上日用洗涤类产品的造型变化基本不大，大部分设计体现在平面视传方面，市场竞争的重点放在产品本身质量的研究和品牌形象的统一设计上。事实上产品的形象设计中容器的造型设计是非常重要的。

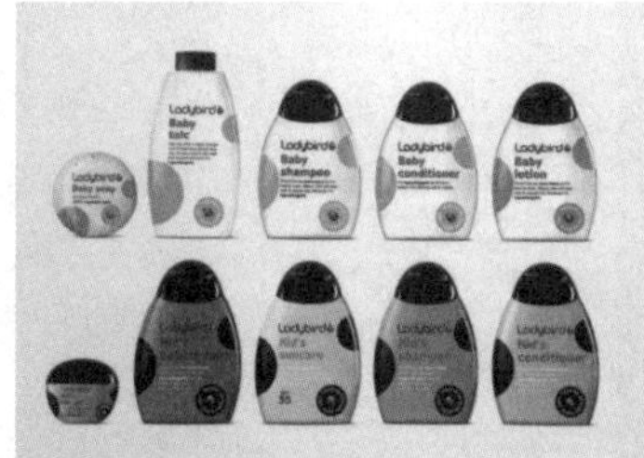
Ladybird

MARVELLUS
ANTI-OX
ENDURUS
PRIME

HERBAL
CHARCOAL
DEEP SEA MINERAL

Shoo
Shoo
Shoo

diptyque
paris

selin
naturals
SIVI SABUN
Bergamot ve
Üzüm Çekirdeği

LIZ EARLE

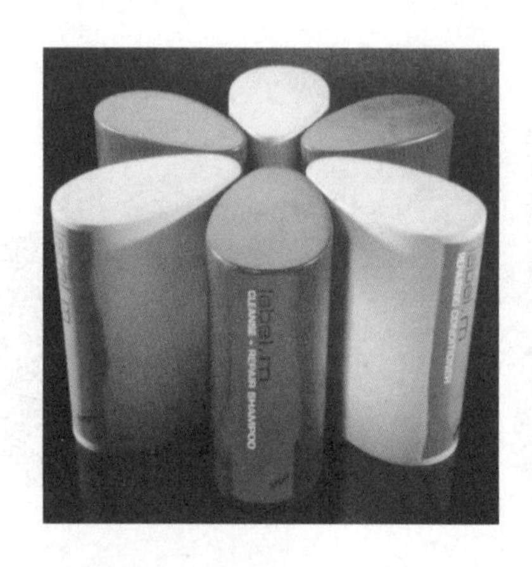

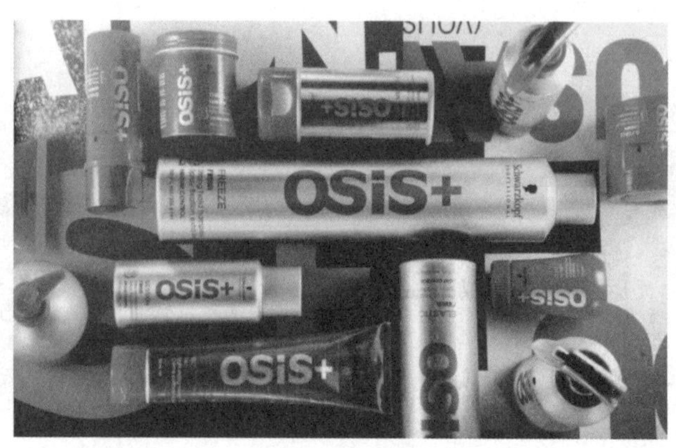

二、护肤化妆品类

护肤化妆品一直以来都是女性市场，近年来男士护肤化妆品类产品逐渐多了起来。不仅是女性关心自己的皮肤状况，更多的男性也开始重视皮肤护理。护肤化妆品品牌众多，一般有以下几种类别：清洁类、养护类、抗防过敏类。

在护肤化妆品类产品造型设计上，要注意造型的形态、材料的选择、色彩的运用这三个重要方面，每个环节都举足轻重。为了设计具当代性和现代感，如何运用好三方面元素成为关键。设计师需从现代女性和现代男性的审美角度去思考，再针对消费人群的审美喜好思考，各个国家不同地域的人对美的认识是不同的，大部分都市人群的审美倾向有喜好简洁大方，体现材质美感、工艺美感和产品美感的造型设计，有些国家文化背景不同也有喜欢多修饰、结构复杂、线型柔美的产品造型。这就要注意产品设计的针对性要求，需考虑市场和受众的审美习惯，如娇兰 Abeille Royale 系列，主题鲜明，其包装造型和视觉形象围绕主题蜂蜜创作。

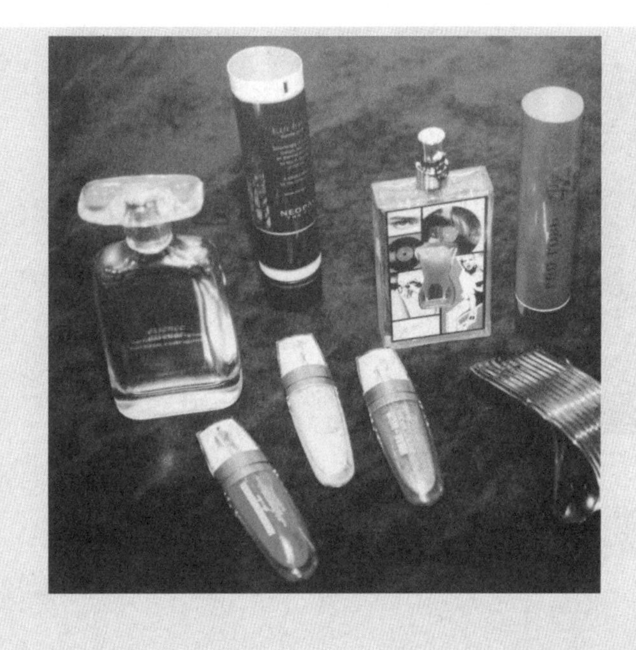

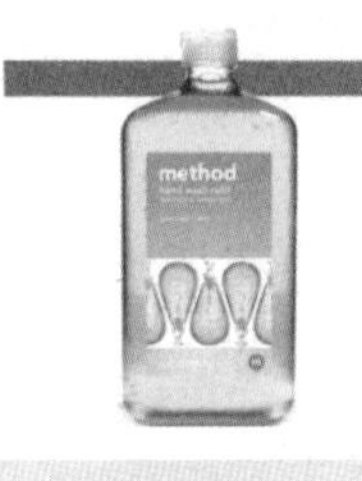
method

method

method

娇兰 Abeille Royale 系列

第六节 食品与药品类

食品、药品类包装比较普遍，超市、药店有大量各式类别和造型。

一 食品饮料类

食品指可供人类食用或饮用的物质，包括加工食品、半成品和未加工食品，不包括烟草或只做药品用的物质。中国饮料行业是改革开放以来发展起来的新兴行业，是中国消费品中的发展热点和新增长点。近30 年来，饮料行业不断发展和成熟，逐渐改变了以往规模小、产品结构单一、竞争无序的局面，饮料企业的规模和集约化程度不断提高，产品结构日趋合理。

食品饮料类产品内容广，如糕点类、糖果类、茶、矿泉水类、罐头类、调味品类、乳制品类等。针对不同类的食品包装有相应要求，可进行针对性设计，如婴幼儿食品、青少年食品、中老年食品、男女士休闲食品等。

二、药品保健品类

药品为特殊商品，有严格的质量要求，与一般食品和保健品有区别，在药品包装的设计中要考虑各方面因素，考虑使用者的需求与审美，使医护人员和患者使用起来方便，看上去舒心，重点文字需醒目。药品的包装审美要兼顾技术学和商品美学，使药品物质的使用价值与精神的审美价值达到完整的统一。

保健品类药品是近十年来资产收益最高的行业。常见的有：男用保健药品、女用保健药品、中老年保健药品、婴幼儿保健药品、性保健药品等。保健类药品的包装应遵从其行业和功能特征，体现出较好的创意和形式美感。外形避免花哨，最好真实反映产品功能和属性，这样容易产生亲和力和信任感。如非处方保健药 Help Remedies 的设计，以彩色为标记特征的包装显得友好而简洁，确保了产品的每一条产品线都能反映公司的使命——让保健品问题变得简单易懂。

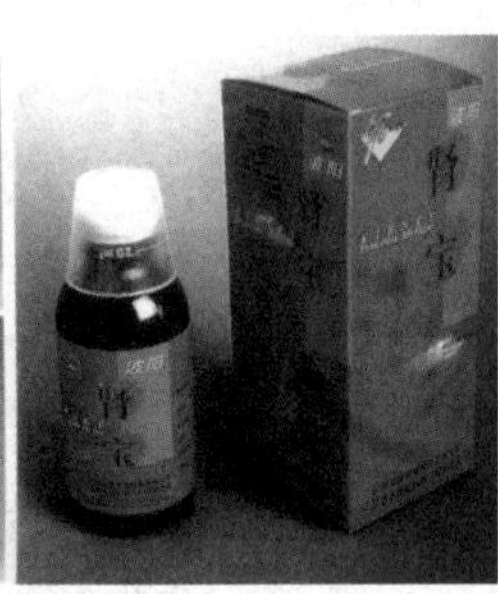

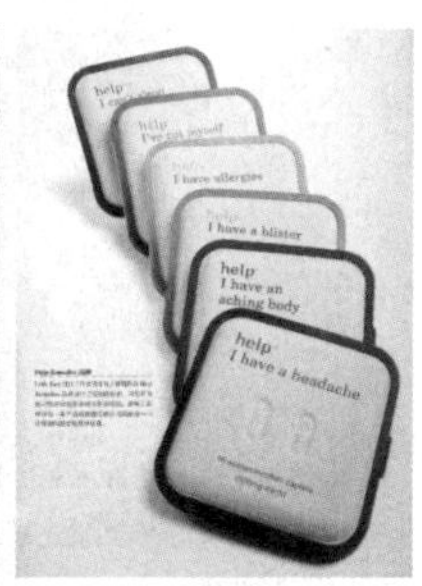

非处方保健药
Help Remedies

7

第七章　学生作品

第一节　石膏素胚

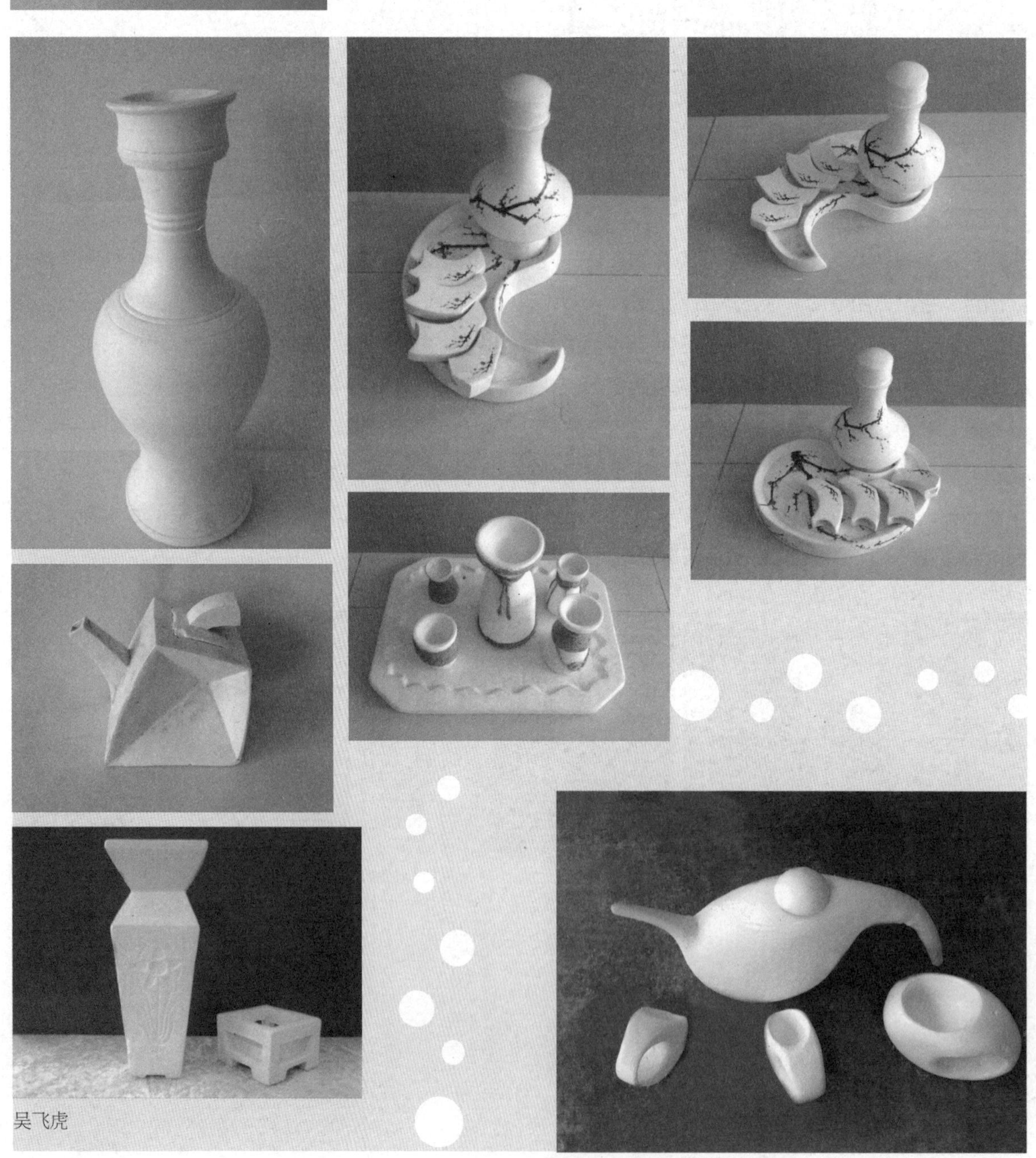

吴飞虎

李可可

李可可

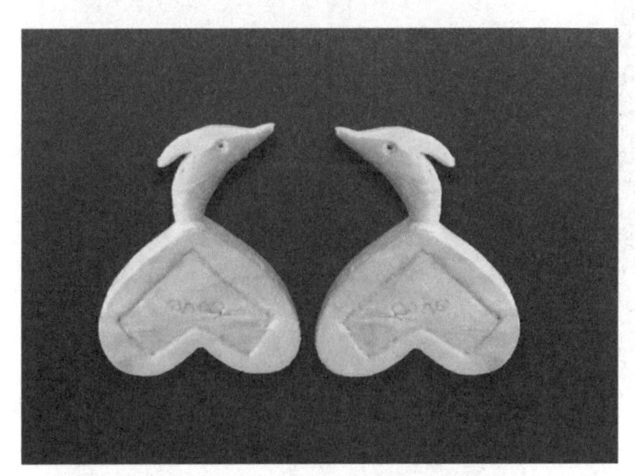

方淞林

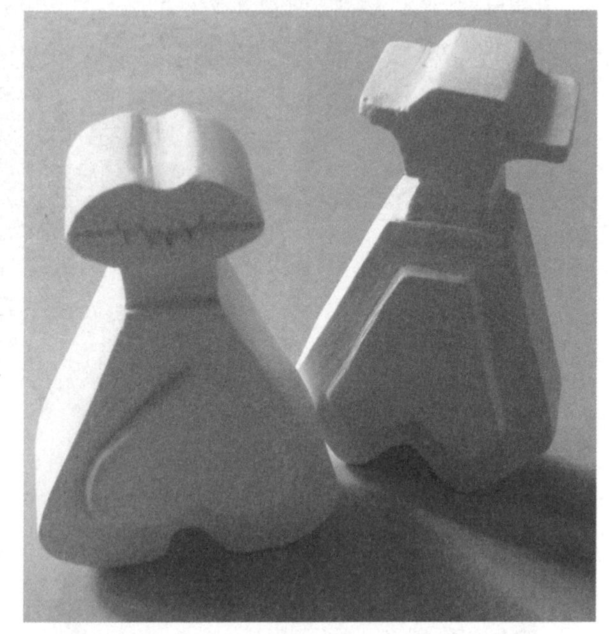

彭茜妮

姚梦轩

李梦琪

彭茜妮

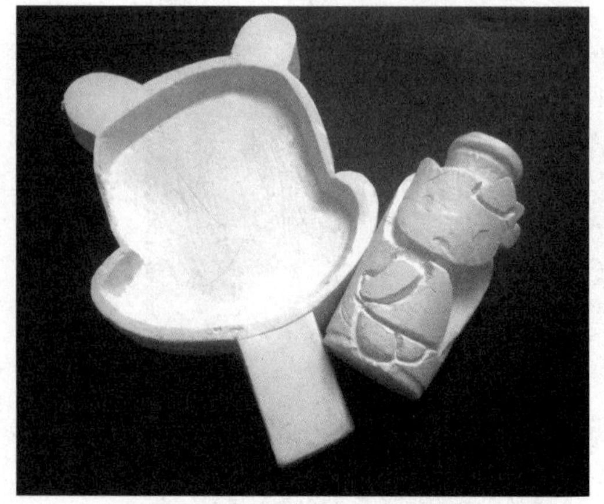
杨蕾

柯煜莹

韦晓

黄梦苑

李帅

胡婉莹

尤惠美

郑瑞

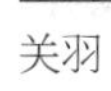

关羽

金梦莹

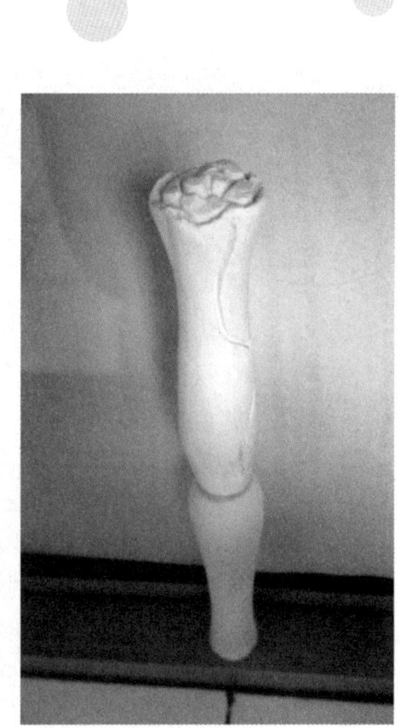

刘书琪

庞燕纪

周久祺

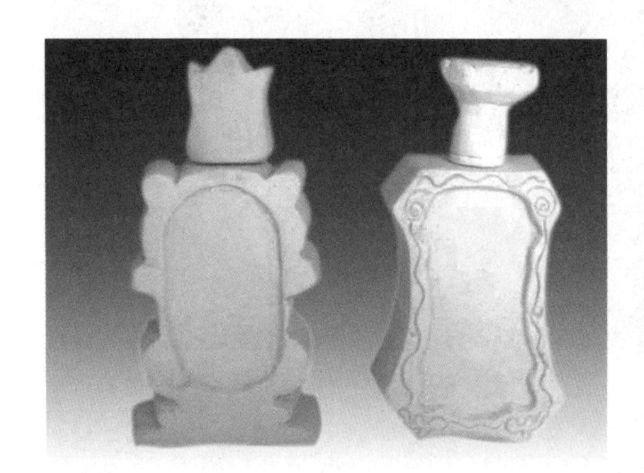

俞天裕

王一冰

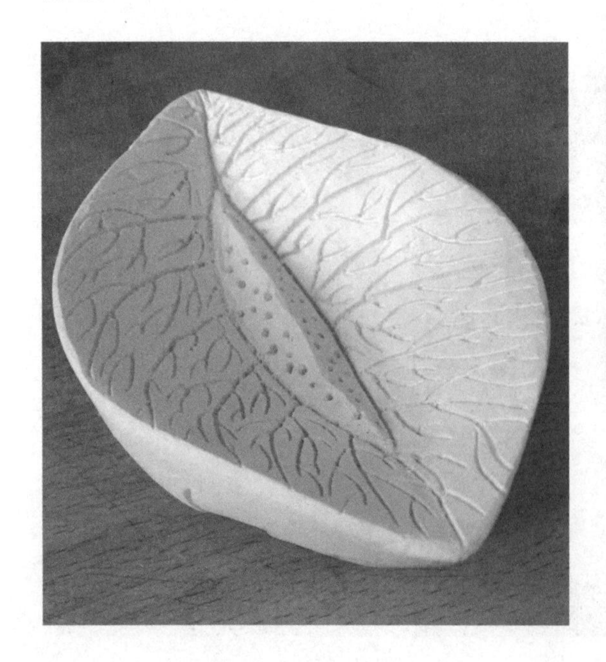

詹仪

第二节　上色成品

林敏

魏思雨

曾茜

郭银萍

彭明静

李婕

王玲

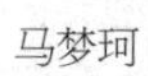

马梦珂

胡思洋

胡思洋

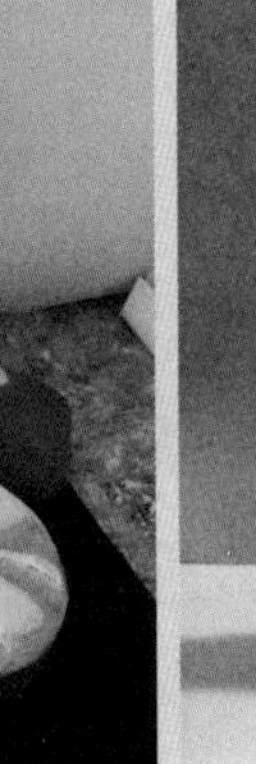

胡思洋

胡思洋

高诗阳

丁玉婵

胡婉莹

郑瑞

陈乃菲

尤惠美

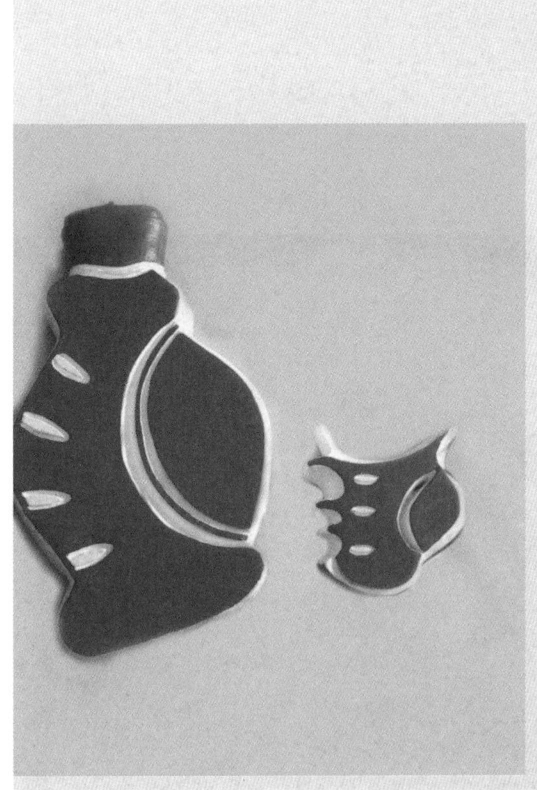

程萍

丁鸣晗

骆珍

庞燕纪

瞿子颖

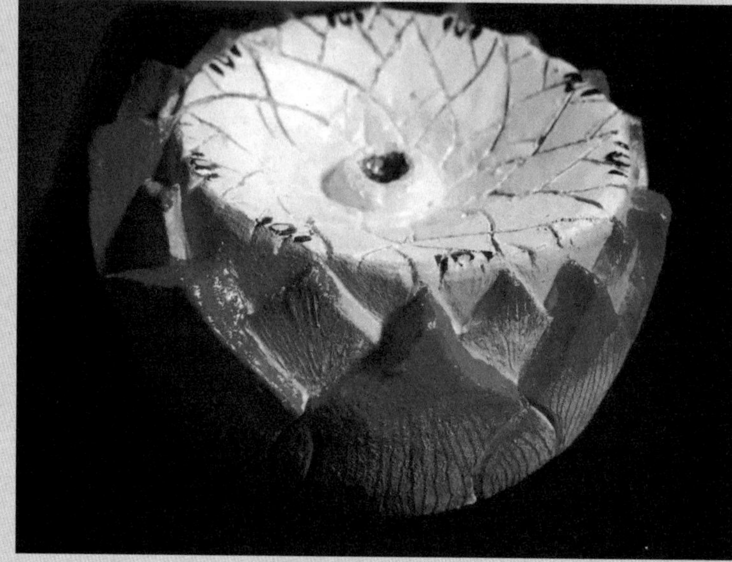

詹仪

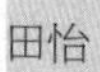

田怡

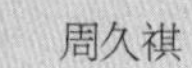

周久祺

周冰

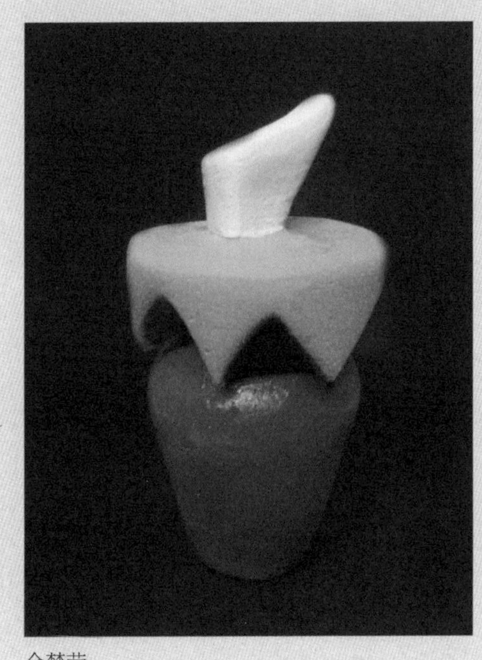

金梦莹

肖文标

参考文献

[1]《包装&设计》杂志社，印刷工业出版社.精品包装创意设计.北京：印刷工业出版社，2014.

[2]加文・安布罗斯，保罗・哈里斯.创造品牌的包装设计.张馥玫，译.北京：中国青年出版社，2012.

[3]马克・汉普希尔，基斯・斯蒂芬森.分众包装设计.杨茂林，译.北京：中国青年出版社，2008.

[4] 丛琳.包装设计速查图典.北京：中国化学工业出版社，2007.

[5] 周威.玻璃包装容器造型设计.北京：印刷工业出版社，2009.

[6] 郝建英，李闯，莫怏.容器造型与模型制作.长沙：湖南大学出版社，2012.

图书在版编目（CIP）数据

包装容器设计/唐丽雅，王月然主编.—合肥：合肥工业大学出版社，2017.1（2020.8重印）
ISBN 978-7-5650-2749-9

Ⅰ.①包…　Ⅱ.①唐…②王…　Ⅲ.①包装容器—造型设计　Ⅳ.①TB482

中国版本图书馆CIP数据核字（2016）第113301号

包 装 容 器 设 计

主　　编：唐丽雅　王月然
责任编辑：王　磊　石金桃
书　　名：普通高等教育应用技术型院校艺术设计类专业规划教材——包装容器设计
出　　版：合肥工业大学出版社
地　　址：合肥市屯溪路193号
邮　　编：230009
网　　址：www.hfutpress.com.cn
发　　行：全国新华书店
印　　刷：安徽联众印刷有限公司
开　　本：889mm×1194mm　1/16
印　　张：5.5
字　　数：173千字
版　　次：2017年1月第1版
印　　次：2020年8月第2次印刷
标准书号：ISBN 978-7-5650-2749-9
定　　价：39.00元
发行部电话：0551-62903188